ダンディズム　靴、鞄、眼鏡、酒…

落合正勝

光文社新書

目次

本文写真／田村智栄

プロローグ

第一話　ダンディズムとは

ダンディズムの定義

口上。

辞書の名は伏せるが、ダンディを引くと、「お洒落《しゃれ》な人。だてしゃ」とある。「お洒落な人」の「お洒落」は、「気のきいた服装やポーズを心掛けること。そうする人」だ。「だてしゃ」は、あまり聞きなれない言葉だ。「だて」を引くと「はでに振舞って見栄を張ること」とある。「だてしゃ」は「だてな身なりを好む人。ダンディ」と、またダンディに後戻りする。

哲学者の森有正《もりありまさ》が何かの本で、「日本語の辞書は、Aを引くとBが出て、Bを引くとAが出る」と書いていたが、まったくその通りで、これではダンディなる言葉がよく判らない。この辞書の解釈通りであれば、ダンディは、「気のきいた服装やポーズを心掛ける人」でもあり、「はでに振舞って見栄を張るのが好きな人」でもある。

言葉の遊びをしているわけではない。「お洒落な人」と「だてしゃ」は、私は基本的に異なると思っているので、辞書の矛盾が気になるのだ。前者は、いうならば時間と状況に応じて(出会うべき)他人に対して十分配慮した、気の利いた服装をする人であるが、後者には、服装だけでなく自分の道筋を全《まっと》うする、男の美学のようなものが感じられ、私はそれがまさにダンディに通ずると思っている。

ダンディズム(dandyism)はダンディ(dandy)からの派生語で、英和辞典には、「お洒落。おめかし、だて」(『リーダーズ英和辞典』研究社)とある。ダンディは、「しゃれ者、だて男」(同辞典)になる。英英辞典では、fop(しゃれ者)、dude(都会育ちの人)、さらに「米西部では、西部の牧場に遊山《ゆさん》に来る、東部の観光客」などと記されている。西部の人たちから見れば、東部の人たちは、みんな「しゃれ者」に見えたのだろう。

ダンディという言葉の初出は一七八〇年で、意味は現代同様、「洒落男」(『英語語源辞典』研究社)である。同辞典によれば「語源は不詳だが、スコットランドの守護聖人

St.Andrew の愛称形に由来するという説が有力」とある。一七八〇年に、降ってわいたようにこの言葉が登場した理由を私なりに推《お》すならば、男たちの服装の変わりようだろう。

R・ターナー・ウィルコックスが著《あらわ》した『モードの歴史』（石山彰訳／文化出版局）のなかにこんな件《くだり》がある。

「ルイ一六世治下の初めは、大変な贅沢と人為と優雅の時代であった。モードはあらゆる階層に広まり、お金をかける余裕のあるすべての人に着用された。一七八〇年までには、男女両方の服装での支配的なイギリスの影響によって、まるで簡素な方向に変わってきた。イギリス人は、男子服デザインの決定者として、その時初めて手に入れた指導権を今日まで保ち続けている」

一七八〇年がここでまた出てくる。簡単に言えば、一七八〇年を境に、ヨーロッパ大陸を席巻したフランス・スタイル（ヴェルサイユ・ファッション）が、イギリスにとって代わられたということだ。ルイ一六世（一七五四～九三）の国王在位期間は一七七四～九三年で、「治下の初め」とは一七七〇年代の後半だろう。王は国外では、アメリカの独立戦争に巻き込まれるのを制止できず、国内では失政続き、あげくに外国との共謀罪でギロチンにかけられた。国王の奥方はマリー・アントワネットだ。

スーツの因《もと》になったフロックコートが登場するのもこの頃だ。つまり一七八〇年は、男の服装にとって革命的な年であり、その時代にダンディという言葉が登場した理由は、「洒落男」はかくあるべきだという、(それまでにはなかった)新たな男の定義づけがなされたからではないだろうか。それがダンディという言葉で括《くく》られたのだ。

一六〜一七世紀の宮廷の悪趣味をふんだんに盛り込んだ、きんきんきらきらの服は、黙っていても目立つ。目立つことを前提にしていたからだ。宮廷人たちはただ権力と富の象徴として、それを身につけていたに過ぎない。それがイギリス・スタイルの簡素な衣服に様変わりしたとき、身だしなみに気を使うお洒落な男たちは、当然、他人との差別化を考える。同じような服を身につけ、いかに上手に装うか、をだ。

イギリス人たちはこの問題を解決するために、競って服の作り方に執心した。外見(スタイル)が同じならば、裁断や縫製が重要な問題になってくるからだ。イギリスでテーラーの技術が発達した大きな理由だ。

ハイカラ好み

ダンディズムという言葉が登場するのは一八一九年で、意味は「ハイカラ好み」(『英語語源辞典』研究社)である。ハイカラは、ハイカラー(high collar／高襟《たかえり》)が日本語化したものだ。明治時代中期に、洋行帰りの政界や官界の人間が高い襟付きのシャツを日本に持ち込み、それが流行し、西洋風の新しい風俗を評する言葉として定着した。

『大言海』(大槻文彦著／冨山房)に、「ハイカラ」はこう記されている。

「キザニ流行ヲ気取ルコト。又、其者。イヤミナ、シャレモノ。此語ハ石川安次郎ト云フモノ、唱ヘ出シタルヲ、小松緑ガ、めとろぽうるほてるニ於ケル竹越與三郎ノ送別宴ノ席上ニテ演説シタルヲ、二六新聞ニテ、書キ立テルヨリ弘マリタリト」

ダンディが「お洒落な人」で、お洒落が「気のきいた服装やポーズを心がけること」で、ダンディズムが「ハイカラ好み」で、ハイカラが「イヤミナ、シャレモノ」では、何ともいいようがないのだが、逆説的に考えるなら、西洋文化を表現したこれらのカタカナ言葉は日本語の語彙《ごい》ではカバーしきれない、換言するなら、我々が本当のニュアンスを把握しきれない言葉なのだろう。

ハイカラーは「イヤミナ、シャレモノ」が着るシャツではなく、ロンドン発祥の伝統的なシャツだ。高い襟は、ネクタイをしっかり押さえつける、ネクタイの結び目を前方に押し出す（襟腰が高いため、結び目が高い位置にくる）、かつ、後ろ姿を引き締める（上衣の襟から、白いシャツの襟が数センチはっきりと覗《のぞ》くため）という三つの理由がある。白く高い襟は、ロンドンでは「だてしゃ」のひとつの条件でもあったのだ。現代では、イタリアのナポリの男たちが好む。高いもので五〇ミリ（後ろ襟部分）はある。

ダンディズムを体現した作家

ダンディという言葉の初出から、ほぼ四〇年を経てダンディズムという言葉が誕生したということは、ダンディにひとつの様式ないしは体系が完成したためだろう。イズム（ism）には、行動、状態、作用、体系、主義、特性という意味がある。ダンディは、個々の人間のお洒落に過ぎなかったが、ダンディズムは、それを様式（スタイル）として包含したのだ。表現するなら、洗練された「だてしゃの様式ないしは行動」である。様式は衣服のみならず、あらゆる趣味嗜好において首尾一貫し、その人らしさを表現する必要がある。服装だけを整えても、行動がそれについていかなければ意味がないからだ。そのためには知性と教養も必要である。

一例を挙げよう。私がもっともダンディズムを感じ得る人物だ。谷崎潤一郎が著した『瘋癲《ふうてん》老人日記』の主人公、卯木督助である。年は七七歳で、あちこちを病に蝕《むしば》まれ、看護婦につきっきりで介護されている。若いときはかなりの遊び人で、新派の若山千鳥という女形《おやま》と同衾《どうきん》したり、性病を患ったりしている。

小説の冒頭で督助は、澤村訥升《とつしょう》（第七代澤村宗十郎）が揚巻《あげまき》（吉原の花魁《おいらん》）を演じる「助六曲輪菊《すけろくくるわのももよぐさ》」を観劇に行くために、紗《しゃ》の夏羽織、ポーラの単衣《ひとえぎぬ》、絽《ろ》の長襦袢《ながじゅばん》を身につける。紗は平安時代に中国から伝わり、京都の西陣に広がった盛夏用の織物だ。二本のたて糸のうち一本が紗織りで、布地に隙間ができ涼し気に見える。ポーラは正確には、米語でポーラル（porall）、英語ではフレスコ（fresco）と呼ばれる。平織りの、これも夏用の素材だ。絽は、あと染めの和服地で、絽目と呼ばれる布地の隙間に特徴がある。いずれも夏の最高級素材だ。この服装の描写だけで、督助の十分な「だてしゃ」ぶりが窺《うかがえ》る。

わざわざ訛升の揚巻を観に行く理由も筋が通っている。

「勘弥ノ助六デハ物足リナイガ、訛升が揚巻ヲスルト云ウノデ、ソレガドンナニ美シイカト思イ、助六ヨリモ揚巻ノ方ニ惹カレタノデアル」

昔から大の芝居好きで、とりわけ助六が好きなのだが、肝心の助六より、その情婦の揚巻の美しさに惹かれるところに、督助らしさが感じられる。

漢詩や書にも長《た》けている。

「荷風（永井荷風）ノ書ト漢詩ハサシテ巧ミデハナイケレドモ、彼ノ小説ハ予ノ愛読書ノ一ツデアル」

食の方も、きわめて健啖《けんたん》だ。銀座の高級料亭「浜作」で滝川豆腐、晒《さら》し鯨の白味噌和え、鱧《はも》の梅肉と鱧の附焼き、茄子《なす》の鴫《しぎ》焼《や》き、早松の土瓶蒸しを注文しながら、「マダ何カ喰ッテモイイナ」などと云い、家族に窘《たしな》められている。

女に対する趣味嗜好も鮮烈だ。

「予ハコレ以上生キナガラエテイタトコロデ格別ナコトモナイノダカラ、モシ今ノ世ニオ伝（高橋お伝）ノヨウナ女ガ現ワレタラ、ムシロソノ女ノ手ニカカッテ殺サレタ

映画『瘋癲老人日記』（1962年・大映　監督・木村恵吾）の一コマ。
督助を山村聡、颯子を若尾文子が演じた。（写真提供・角川大映映画）

方ガ幸福カモ知レナイ」

などと嘯《うそぶ》きながら、息子の嫁である悪魔のような女「颯子《さつこ》」に熱烈な色情を燃やす。

「彼女ノ全身ノ重ミヲ感ジ、痛サヲ感ジ、足ノ裏ノ肌理《きめ》ノツルツルシタ滑ラカサヲ感ジル」

ために、彼女の足の仏足石《ぶつそくせき》を作り、自分の墓石にしようと考え、颯子と共に京都に赴《おもむ》く。そして朱墨《しゆぼく》と端渓《たんけい》の硯《すずり》、白唐紙を購《あがな》い、彼女の足の拓本を取る。

「ソノ石ノ下ノ骨ガナクノヲ聞ク。泣キナガラ予ハ『痛イ痛イ』ト叫ビ、『痛イケレド楽シイ、コノ上ナク楽シイ、生キテイタ時ヨリ、遥カニ楽シイ』ト叫ビ、『モット蹈ンデクレ、モット蹈ンデクレ』ト叫ブ」

（以上、抜粋は新潮文庫）

ためだ。

死を間近にした老人の、単なる我が儘《まま》や色情と捉える人もいるだろう。颯子が云うように「気狂イ」と片付ける人もいるかも知れない。だが私は、督助の芝居や料理、書や漢詩、女性に対する嗜好に尋常ならざるものを感じるのだ。若い時分からの、（半端ではない）

ものごとへの好みと蓄積が、七七歳という年になって、洗練された「だてしゃの様式ないしは行動」（ダンディズム）として集約されているからだ。

小説家が、登場人物にどれほど自分を投影するかは小説により異なるだろうが、少なくともこの小説に限っていうと、督助と作者の谷崎潤一郎は、かなり接近しているように私は思う。谷崎はこの小説を七五歳で著した。督助は七七歳である。督助の趣味嗜好が、谷崎の付け焼刃やにわか仕込みのものであれば、一貫した「だてしゃの様式」の表現はできなかったろう。

この書に目を通す度に私は、徹底したダンディズムは、ディレッタンティズム（耽美主義）に通じ、ディレッタンティズムを内包しないダンディズムは、真のダンディズムに繋がらないのではないかと思う。ディレッタンティズムとは、「美に最上の価値を認め、それを唯一の目的とする芸術や生活上の立場」（『大辞泉』小学館）である。

督助は、とにかく美しいものが好きなのだ。訥升が演じる揚巻だけを観るために、困難な歩行をものともせず劇場に赴き「近頃コンナ美シイ揚巻ヲ見タコトハナイ」と感激し、実生活では、悪魔のような女「颯子」と、その白く美しい足に耽溺《たんでき》する。耽溺は現世だけにとどまらず、死後の世界までその美を感じていたいと願う。自分の感ずる美に、最上で最高の価値を認めていたからだ。そこまでいけばダンディズムも極致であろう。

ダンディズムは衣服のみならず、他人との隔たりの印として独創性を発揮する。独創性は洗練された趣味嗜好として表現され、それらは互いに関連していなければならない。その場合、衣服はダンディズムのなかで、一個の意味内容を形成しているに過ぎない。偏見に満ちていることは重々承知しているが、それは私の頭が偏見に満ちているのではなく、ダンディズムを形成する諸々の要素が、もともと偏向しているからである。

Ⅰ　お洒落のダンディズム

第二話　女と流行とブランドと

お洒落は女たちのためにするものか？

吉田兼好（一二八三？〜一三五〇）は、『徒然草』（第一〇七段）のなかで、こう述べた。

「女のなき世なりせば、衣文《えもん》も冠《こうぶり》も、いかにもあれ、ひきつくろふ人も侍らじ」

男が、衣や冠など身だしなみを整えるのは、女がいるからこそだ、という意味である。甚《はなは》だ怪しげな説である。女が存在するから男はお洒落をするのではない。もし仮に世の中が男ばかりなら、私は、もっとお洒落をするための努力をする。男だけの世界なら、（第一話で述べたように）「時間と状況に応じて、（出会うべき）他人に対して十分配慮した、気の利いた服装」が、より厳格になってくると思うからだ。

英国海軍や陸軍のエリートたちは、状況に応じたドレスコードを持ち、女人禁制のロンドンのプライベート・クラブの男たちは、競って「だてしゃ」ぶりを楽しんでいる。イタリアでも、お洒落な男たちは自分だけのために身を飾る。真のダンディズムとは、モノの価値を理解した男同士の間でこそ成立するものだと私は思っている。

増穂《ますほ》残口《ざんこう》（一六五五〜一七四二）は、『艶道通鑑《えんどうつがん》』（一七一五）のなかで、いいことを云っている。

「女子の好むに惹かれて、男の衣領《えり》好《す》するは、いよいよ戯《たわ》けの程を表はすなければ恥づかしからずや」

男が女の好みに合わせ、お洒落するなどとは、たわけた恥じさらしだ、という意味だ。妙諦《みょうてい》であろう。残口は日蓮宗の僧侶だったが、一七一五年に還俗、後に京都・五条の朝日神社の神主になった変わり種だ。前掲書が代表作である。

江戸の中期に、既に残口が喝破しているところから推して、日本の男たちは、その頃から女たちの好みに応じて服を選んでもらっていたようだ。今でも男の服売場にカップルで訪れ、女にネクタイまでを選ばせている男たちを見かける。百貨店では女房らしき女性、高価なモノを売る店では、愛人らしき女性が多い。見ていて情けなくなる。

一年ほど前、或るラジオ番組で同様のことを喋っていたら、自分（女性）は、男性にネクタイを贈るのが好きで、贈られた男たちも喜んでいるというファックスが番組のさなかに送られてきた。ネクタイを女性に贈られて喜ぶ男は、服装に無頓着な男、もらい物が好きな男、ネクタイに金をかける余裕のない男のどれかだ。

私は、ネクタイを贈られたらすぐに送り返す。他人が選択したモノを身につけるということは、他人の（自分に対する）イメージを受け入れ、そのイメージ通りに振舞う行為に等しいからだ。趣味を無理やり押しつけられている行為に何も感じない男は、ダンディには決してなり得ない。贈る方にせよ、「（あの人に）似合いそうだから」と、実際に「（その人に）似合うこと」とは別次元の問題であることを知るべきだ。

似合うためには、そのネクタイを引き立てるシャツとスーツを、男が持っているかが大前提になる。持っていなければ、そのネクタイに合わせて新たに購入する財力がその男にあるかどうかも考えなければならない。そこまで気配りをしてネクタイを贈るならいい。

贈る側が目利きかどうかの問題もある。上質なネクタイの見分け方は、そんなに簡単なものではない。作りと織り、柄の三つを見分けるためにはそれなりの経験値が必要だ。男には男の目、女には女の目があることも考慮に入れる必要がある。男が選ぶネクタイ、女が選ぶネクタイが同じモノとは考えにくい。女が選ぶネクタイは、どうしてもデザイン性が強いものになりがちだ。

私がどうしてもネクタイを贈らなければならない立場であれば、冬場なら紺無地のカシミア、夏場なら同様に紺無地のシルク、それもできるだけ上質なハンドメイドのネクタイを選ぶ。柄物は絶対に避ける。他人の趣味の範疇《はんちゅう》に踏み込むのは失礼だからだ。日本のネクタイの流通は、六〇％以上が贈物で成立しているといわれる。ファッション先進国のなかでこんな妙な国はほかにはない。国会中継をテレビで観ているとエルメスばかりがやたらに目立つ。みんな贈物だろう。もしそうだとしたら、これも情けない話だ。

ダンディなり「だてしゃ」になるための条件は、自分で身につけるモノは、すべからく自分で選ばなければならない。これは鉄則である。ミラノやロンドンの男の服を売る店では、男の一人客が多い。カップルで訪れても、女は初めから最後までソファーにでんと腰をかけたまま、男の選ぶ物に対して一言も口を挟まない。女たちが男の買物に対して意見を述べるのは、その商品が高過ぎる場合か、男から意見を求められたときだけである。

筆者のネクタイルーム。ダンディになるためには、自分で身につけるものはすべからく自分で選ぶ

お洒落は、自分のためにするものだ。女たちのためにするものではない。特定の女に服装を任せることは、その女のためにお洒落をしていることを意味する。女たちはそれを良く知っているから、男には服を任せず自分で選ぶ。女に服を選ばせる男は、自分の服装に自信がないか、マザー・コンプレックスかのどちらかだ。

流行には背を向けよ

男たちが、自分だけの視線を具《そな》えたダンディを目指すならば、ふたつの大きなポイントがある。

ひとつは「服」と「服装」を混同しないことだ。服はただのモノに過ぎず、店先に並べられた肉や野菜と同じレベルだと考える。「あの霜フリはうまそうだな」と「あのカシミアのジャケットは、俺に似合いそうだな」の類だ。霜フリもカシミアも、単なるモノに過ぎない。霜フリはただの肉で、料理になる以前のモノであり、カシミアはただの服で、服装になる以前のモノだ。霜フリはスキヤキや焼肉になり、人の口に収まり初めて「うまい」という結論を導き得る。

同様にカシミアも、相応のシャツやネクタイと巧みにコーディネイトされ、人の体を被《おお》ったときに初めて、センスの良い服装になり得る。服と服装はそもそも次元が異なり、次元が違うことを一緒にして考えるためにややこしくなり、間違いを起こす。さまざまな制服を売っている店先に白衣がぶら下がっていても、何のための白衣かは判らない。同じ白衣を大病院の医者が身につければ、医者は威厳らしきものを具え、患者はその白衣を見て安堵感を覚える。服装とはそういうものだ。

ふたつめのポイントは、流行には断じて背を向けることだ。服装に自信がない男に限って、流行を追いかける。服ならず流行を身につけていれば、とりあえずは意識下で安心できるからだ。流行は、ダンディを目指す男たちにとって大きな阻害を来《きた》す。

ダンディの条件は、時代に決して左右されずに、服をただ着るのではなく、自分なりの服装をこしらえることにあるからだ。服装をこしらえるとは、例えばスーツのVゾーンをどのくらいにするか、袖丈や裾丈をどう設定するか、ネクタイの結び方はどうするか、ポケットチーフの覗かせ方を直線にするか、アールにするか、シャツの襟先の角度はどのくらいが自分に似合うかを知ることだ。

英国人やイタリア人は、「男の服はミリ単位」だと云う。シャツの襟を上衣の後ろ襟から一五ミリは必ず覗かせる、袖口を上衣の袖口から、これも一五ミリ覗かせる。シャツの前立ては三三ミリ、ボタンの数は七個、一番上と二番目のボタンの間隔は六センチ、二番目と三番目の間隔は七センチ、以降七番目のボタンまでの間隔は七センチ、上衣のボタン間隔は一〇五〜一一〇ミリ、サイドベンツの長さは二六〇ミリズボンの鏑《かぶら》（折り返し）は三五〜四〇ミリ、ネクタイの大剣《だいけん》幅は九〇ミリ、長さは一四六〇ミリなど、男の装いにはベイシックな数字が厳密に存在する（33〜35ページ参照）。英国のテーラーたちがおよそ一世紀をかけて、貴族やエリートたちの注文にしたがって、決定を下してきた数字である。

流行は、こうした不変的な男の装いの構成要素をときには無視し、ときには拡大解釈を試みる。例えば、ネクタイ業界が商品の売れ行きに陰りが出たとき、ネクタイの大剣の幅を九〇ミリから八〇ミリに縮め、流行を仕掛ける。スーツ業界がこれに追随する。上衣の襟幅のもっとも幅の広い部分は、ネクタイの大剣幅に常に等しく、それが一〇ミリも縮まれば上衣の襟幅との均衡を失するからだ。スーツ業界は、ネクタイとのバランスを取るために、こぞって襟幅をネクタイの大剣同様、八〇ミリに縮めようと画策する。

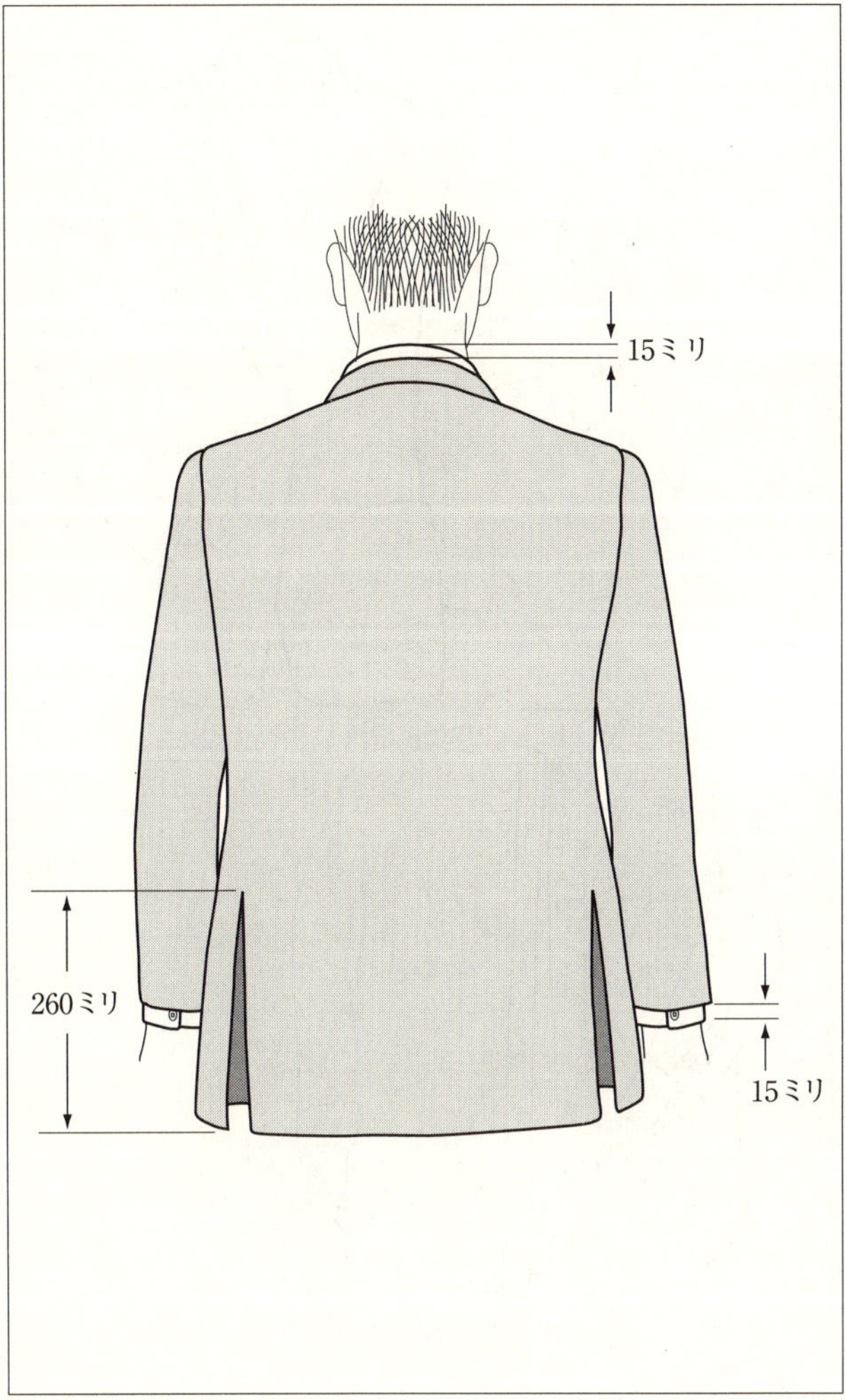
15ミリ
260ミリ
15ミリ

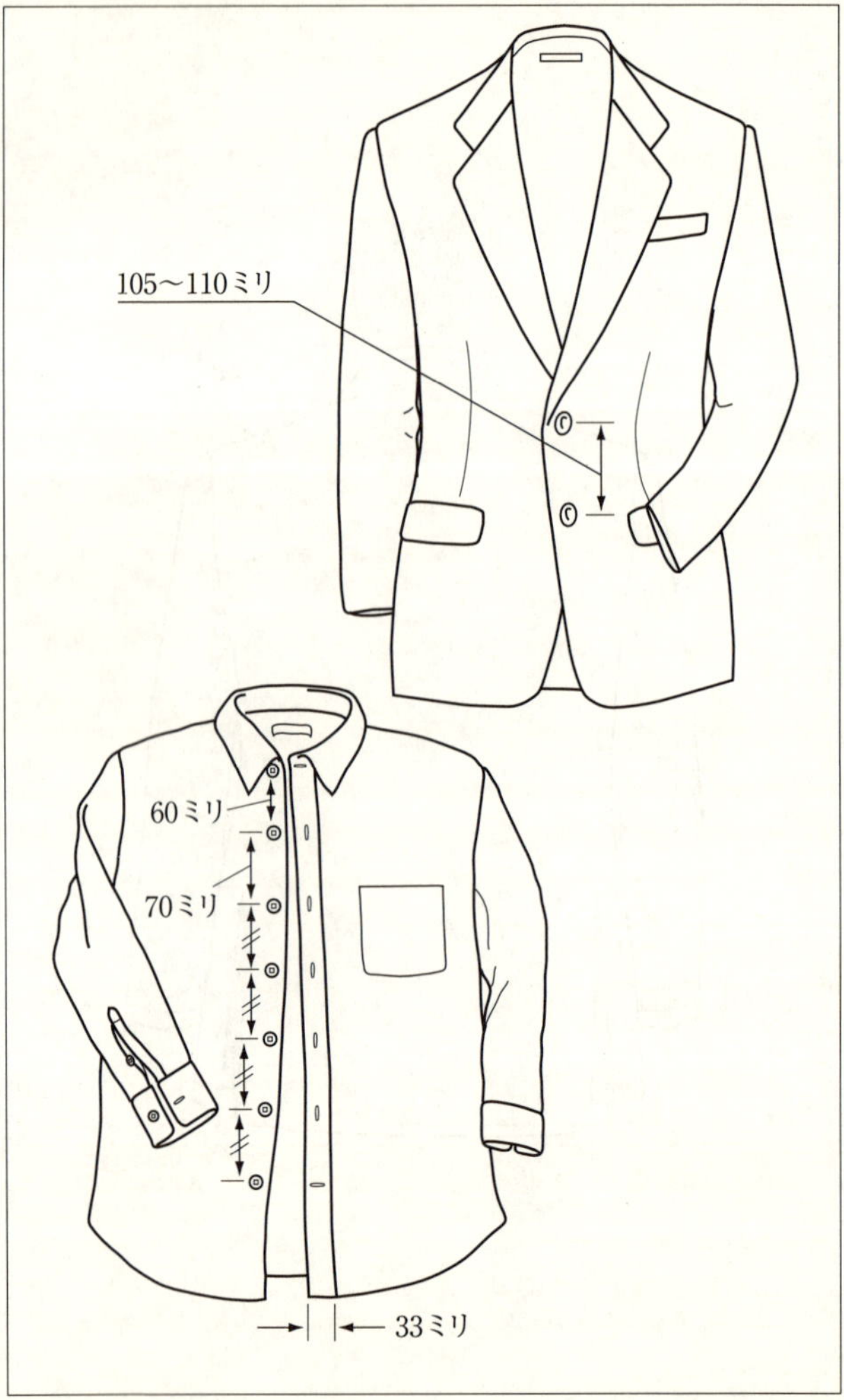
105〜110ミリ
60ミリ
70ミリ
33ミリ

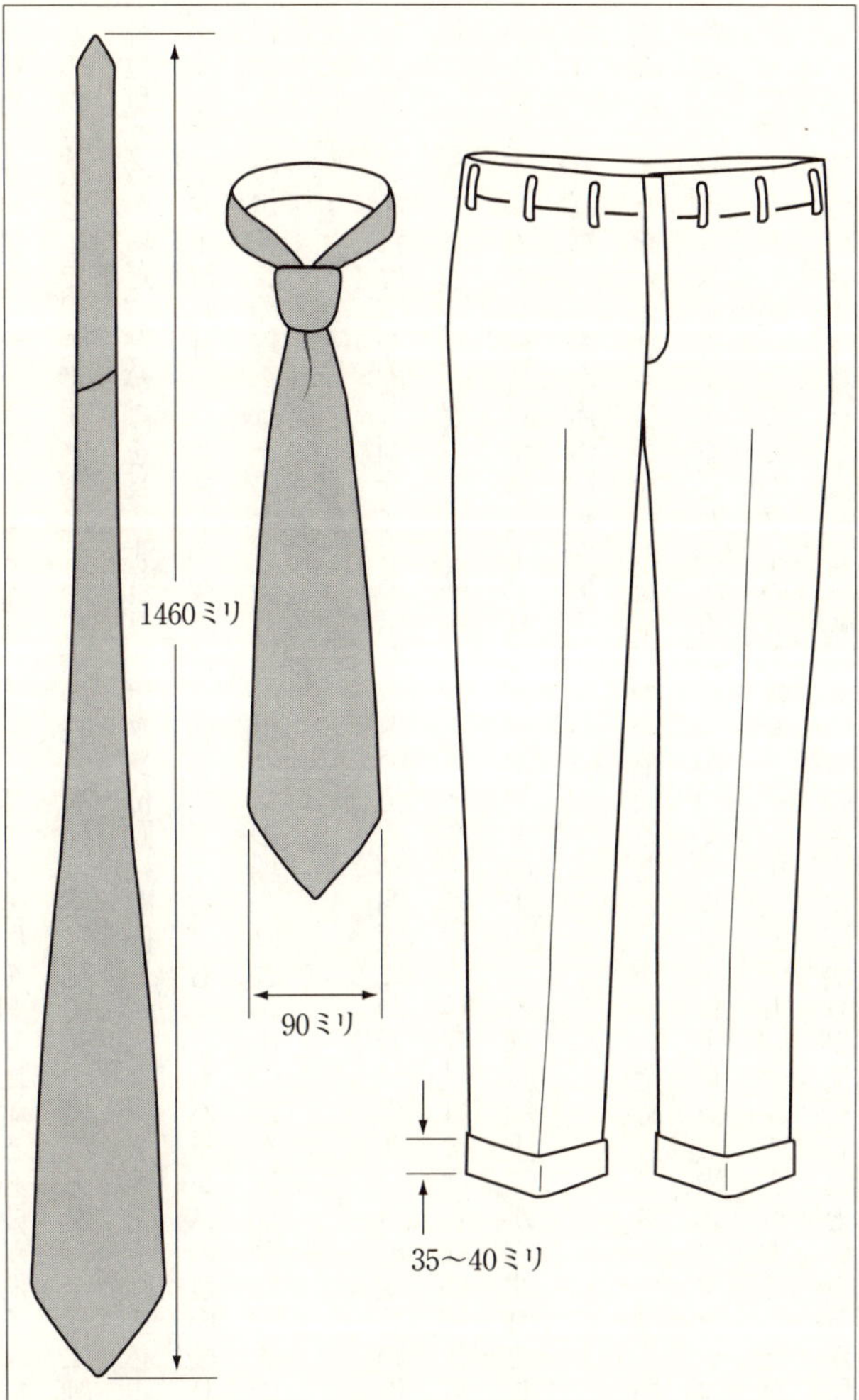
1460ミリ
90ミリ
35〜40ミリ

縮めるためには、プロポーションを洗い直し、スーツ全体を細身にする必要がある。ひとつの方法として、まず狭い襟に合わせ襟の長さを伸ばす。細く長い襟の方が、全体に細身に見えるからだ。だが襟を長くすれば、ボタン位置に関係し、ボタン全体を下げる必要が出てくる。下げれば、ウェストの絞り線に影響してくる。もっともバランスの良い絞り線は、二つボタンの場合は上のボタン、三つボタンの場合はまん中のボタン部分で、その要《かなめ》の位置がどうしても下付きになってしまうからだ。

下付きになれば、今度は両サイドのポケットの位置が問題になる。ポケットの正しい位置は、(ポケット)の上辺が、いちばん下のボタンの延長線上になければならない。にもかかわらず、ボタン位置が全体に下がれば、ポケットの上辺(の延長線上)からずれてしまう。ずれれば、上衣全体の均衡を失う。

細かなことを云えばキリがないのだが、襟を縮めるという作業のために、スーツは、あちこちのバランスを修正する必要があるのだ。かつてラルフ・ローレン(米/ファッション・デザイナー)がそれまでのタイの大剣幅を一インチ(二・五四センチ)も太くしたため、アメリカのスーツ業界が混乱し、幅の太い襟のスーツばかりが流行したという話が夙《つと》に知られる。

シャツもそうだ。ネクタイの幅が変化し、スーツが細身になれば、当然それに似合った細身のシャツが求められる。それこそ、不変的な男の装いの構成要素を拡大解釈ないしは無視して試みられる、シーズンごとの流行の仕組みである。

服飾史家のジェイムズ・レイヴァーは、時代の推移と照らし合わせ、流行を次のように分析した。

流行する一〇年前／みだら
〃　五年前／恥知らず
〃　一年前／大胆
流行時／スマート
流行した一年後／野暮
〃　一〇年後／嫌味
〃　二〇年後／馬鹿げている
〃　三〇年後／面白い

〃　七〇年後／チャーミング
〃　一〇〇年後／ロマンティック
〃　一五〇年後／美しい

流行とは、単なるうつろいに過ぎない。うつろうから流行になり得、うつろうから、時を経て野暮で嫌味になる。スマートといわれる時期は、流行時だけに過ぎない。うつろいにうつつを抜かす人は、決してダンディにはなり得ない。自分なりの確かな視線を保てないからだ。流行には断固として背を向け、自分だけのスタイルをこしらえることが、ダンディになるための大きな条件である。歴史上ダンディといわれた人たちは、すべからく自分のスタイルを持っていた。エドワード八世しかり、ドルセイ伯爵しかり（共に英）、ボードレール（仏）しかりだ。

選択と抑制

流行を作りあげるのは、現代ではブランドやデザイナーだ。一五〇年ほど前までは、ヨーロッパの貴族たちのお抱え職人たちが、貴族たちのために新たなデザインの靴や衣服を作り、庶民たちがそれを模倣した。ファッションは、いつの時代でもその地位を象徴する道具立てとして上から下へと流れていく。上には常に富が集中し、富がなければファッションは成立しなかったためだ。

二〇世紀に入り、製造工程の革新と同時に簡易化が進歩し、外見から、それが本物なのか模倣なのか判断がつきかねるモノが出回るようになる。象徴としての服装による社会的ポジションの判断が、服飾史上もっとも判りにくい時代だった。貴族たちのかつての力も衰退した。

世界を巻き込んだ大戦の後、人々が豊かになり始めた頃に、ブランドが幅を利かせ始める。ブランドの狙いは、(たとえそれが高価でなくとも)高価なモノのように、大衆に一目で判らしめることにあった。大衆がブランドを身につけ、他人との差別化を欲したからだ。それまでは隠されていたブランド名、ロゴマーク、イニシャルが、大っぴらに商品の表側に登場し、流行に結びついた。初めは女たちのバッグや衣服に、デザイナーたちが雨後の筍のように登場した一九七〇〜八〇年代は、男たちの衣服や持ち物全般までに飛び火した。

そして現代は、ロゴマークを別段外面に表示せずとも、特定のブランドが作った、或いはデザイナーがデザインしたという理由だけでモノが売れるという、これも服飾史上極めて異常な時代が続いている。鞄《かばん》ブランドや靴ブランドがスーツに手を染め、デザイナーは、男の上から下までをデザインする。ビジネスという前提が存在する限り、また流行はうつろい繰り返されるという前提がある限り、男のファッション市場は巨大で、ビッグ・マネーが動くからだ。

ダンディになるためには、高価なブランド品を身につける必要はさらさらない。流行に背を向け、自分だけのスタイルを装う。それをどこへ着ていくか、その服装を試みたとき、他人の目に自分がどう映るかを考える。うつろうモノでなく、真の価値を具えたモノを選択する。服装をブランドに任せず、自分でこしらえる。そのためには、どんなモノにせよ、身につけるモノに対して、或るスタンスを置くことだ。

スタンスは、モノの本質を見分ける目を養ってくれる。モノを選択する行為には、科学のような合理性は初めから含まれていない。曖昧《あいまい》なモノを曖昧な目で、曖昧な基準で選択しているだけだ。曖昧を自分なりにクリアするためには、モノとのスタンスが必要なのだ。

欲しいという衝動を抑制し、モノを四方八方から観察し、同じような類《たぐい》と比較する。靴なら靴、シャツならシャツの同じ価格帯のモノをじっくりと見る。ダンディになるためには、そのくらいの努力と学習が必要である。

「選択と抑制を必要としないのは、ほんとうの豊富ではない。限られたもので、足の先まで美しい調和をはかるのが、むしろ贅沢なのだろう」

と述べたのは川端康成だ。私は、この一文に触れたとき、川端の云う「贅沢」とは、物質的な贅沢でなく「ダンディズム」そのものだと解釈した。ダンディズムを貫くことは、選択と抑制が必要だからだ。

第三話　装身具

婆娑羅《ばさら》者への願望

足利尊氏（一三〇五～五八）が、建武三（一三三六）年一一月に公示した「建武式目」のなかにこんな件がある。

「近日婆娑羅と号し、専ら過差を好み、綾羅錦繍、精好銀剣、風流服飾、目を驚かさざるは無し。頗《すこぶ》る物狂いと謂う可か。富者は弥々《ますます》之を誇り、貧者は及ばざるを恥ず。俗の凋弊《ちょうへい》此より甚しきは無し」

尊氏はこの年、光明天皇の即位を断行、室町幕府を開設し、自らは初代将軍の地位につき、この式目を一般に公開した。

婆娑羅とは、

「遠慮なく、勝手に振る舞うこと。放逸《ほういつ》。放恣《ほうし》。はでに見えをはること。またそのさま」

（『大辞泉』）

である。過差は、分不相応な贅沢だ。色とりどりの織物や、細かな銀細工を施した刀剣、風流な服装などの分相応な贅沢をし、富んだものはそれを自慢し、貧しい者は（贅沢ができないので）それを恥じるなど、世間の慣《なら》わしが疲弊してしまったというような意味だ。風流を競った婆娑羅扇などというものも流行した。

但《ただ》しこの言葉は、現代訳よりもやや幅があるようで、『嬉遊笑覧一』（喜多村筠庭《きんてい》著／岩波文庫）には、こう記されている。

「ばさら風という事、その頃のはやりことにて猿楽狂言の詞にも有。（中略）美を好み侈《おご》りたるさま、今いふ、だてものなるべし。闊達の意也。狼藉《ろうぜき》のやうにも称せり。もと婆娑の字義なるべく、らは助語ならむ」

過差を好む物狂いで、美を好み侈りたるさまであり、だてでもあり、（その風潮が）狼藉のようにも見えるということは、現代に於《お》けるダンディズムに相似する。巧みに装えば、だてに繋がり、「風流服飾」になり得、行き過ぎれば、「過差を好む物狂い」の印象を他人に与えるからだ。

この類の、奢侈《しゃし》を戒める触れや、禁じた公布は、日本のみならず西洋でも、服飾史上に於いて何度も繰り返されている。頂点に立つ権力者は、派手好きな場合が多い。そこから側近たち、上位高官、庶民へと派生する。服装の形式は、必ず上から下へと流れいく。流れはするが、上位にいるものは庶民との服装の混同を極端に嫌い、更なる奢侈を目論《もくろ》み、ますますエスカレートする。身分制度がはっきりしていた時代において、服装と装身具は権力者たちの重要な自己顕示の手立てだったからだ。

贅沢が行き着くところまで行き着くか、権力者が世代交替をすると、奢侈禁止令の類が公布され、世の中が贅沢から質素に転換する。そしてまた時を経て、じわじわと贅沢がはびこり、婆娑羅者が出現する。婆娑羅者は、いつの時代でも、カタチこそ違え存在するものなのだ。と云うより人の根底には男女を問わず、婆娑羅者になりたいという願望が潜んでいると云った方が正確か。

婆娑羅者の系譜

婆娑羅を極めたのは、「だて」の語源とされる伊達政宗の兵士たちだ。天正一九（一五九一）年三月、彼らは朝鮮出陣の際に、こんな服装をして、京都の庶民たちの度胆を抜いた。

「政宗の旗三十本紺地に金の丸付たる具足著て、弓鉄炮《てつぽう》の者も同じ出立に銀の熨斗《のし》付きの刀脇差、金のとがり傘をかぶり、馬上三十人黒ほろに金の半月の豹の皮、又は孔雀の尾、熊の皮いろいろの馬甲かけ、金の熨斗つきの刀脇差あたりもかがやく計りなり」

（『常山紀談』）

身を装いたいという願望は、人の本能からくるものだ。装身文化の起源は、下半身を被う腰紐である。腰紐が上に広がり現代の上衣に、下に下がりズボンやスカートになった。古代ギリシャでは、自分の腰紐を外して異性の腰に巻き付け、婚約の証とした。服装が複雑になってくると、腰紐の代わりに指紐を用いた。エンゲージリングの起源である。

時代が変化すると装いも変化し、同時に美の概念も変わってくる。

「さてその初音、春めいて空色の肌着に、中着は樺色の繻子《しゅす》にこぼれ梅を散らし、上着は緋緞子《ひどんす》に羽根、羽子板、破魔弓《はまゆみ》、玉、光と五色の布の縫つけ模様、染模様には注《し》連縄《めなわ》、ゆずり葉、おもい葉とめでたいものの数を尽し、紫の羽織には立木の白梅《はくばい》に鶯をとまらせ、紅のくけ紐を結びさげ……」

井原西鶴が著した浮世草子の嚆矢《こうし》『好色一代男』の巻六（吉行淳之介訳／中公文庫）の件《くだり》だ。現代では失われてしまった江戸の美そのものである。太夫《たゆう》たちは、これ以上は望むべくもないほどに装いを凝らし、男たちは贅沢な絹物を纏《まと》い、精緻な細工の印籠や唐物の燧袋《ひうちぶくろ》を腰に提げ粋を競い合った。

江戸の花と称された火消したちは、「臥煙《がえん》」と呼ばれた刺青《いれずみ》を背負い、その上に凝った火消し襦袢を羽織った。火事現場では、その襦袢を脱ぎ捨て諸肌に冷水を浴びせ、いなせな倶梨伽羅紋々《くりからもんもん》を披露した。見方によっては、これも婆娑羅の骨頂だろう。火事よりも、紋々を一目見ようと女たちがたくさん集まったと伝えられる。

ところで、一八〇〇年代の半ばを境に、世界の男たちの服装は濃色のスリーピースという服飾史上かつてない地味なものになってしまった。そして、ものの数年もしないうちに、それが日本に伝播《でんぱ》される。米国の東インド艦隊司令長官のペリー一行が、サスケハナ号に西洋文化を満載し、浦賀にやってきたのは嘉永六（一八五三）年と、翌年の二度だ。その僅か一四年後には、福沢諭吉が片山淳之助というペンネームで、早くも西洋の服を『西洋衣食住』のなかで詳しく解説してみせた。

肌襦袢／オントルショルツ（シャツ）
下股引《ももひき》／ヅローワルス（ズボン下）
上襦袢／ショルツ（ホワイトシャツ）
毛織上襦袢／フランネルショルツ
股引／ヅローセルス（ズボン）
足袋／ストッキング（沓《くつ》シタ）
チョッキ／ウェストコート（ベスト）
首巻／コラル（カラー）
襟締／ネッキタイ（ネクタイ）

沓／シウーズ（靴）
長沓／ブーツ（長靴）
上沓／スリップルス（スリッパ）
沓篦《くつべら》／シューコンホルン（靴ベラ）
丸羽織／ビジネスコート（背広）
割羽織／ゼンツルマンコート（フロックコート）
上衣／オワコート（オーバーコート）
合羽《かっぱ》／マグフェロン（トンビ）

今からおよそ一五〇年前のことだ。これにより、長きにわたり美を競った和服の伝統が廃《すた》れ、日本は次第に洋装があふれ始める。見栄えが一律になれば、どうしても装身具が幅を利かし、婆娑羅者がそれに目をつける。指輪、ブレスレット、カフリンクス、ネクタイピン、懐中時計、腕時計の類だ。

指輪は、明治二〇年代に宝石入りが大流行した。尾崎紅葉（一八六七〜一九〇三）が読売新聞に六年にわたり（一八九七〜一九〇三）連載した晩年の力作『金色夜叉《こんじきやしゃ》』に出てくるダイアモンド入りが知られる。ブレスレットは、主として花柳界に出没した怪しげな紳士たちの腕を飾った。だが腕輪は、前科者が手首の刺青を隠すためにはめるという噂が広まり、まもなく流行は消滅する。カフリンクスとネクタイピンは陶製のものが用いられた。

当時の婆娑羅者のスタイルについては、次の一文がすべてを表している。少々長いが、そのまま引用する。

「オーソドシアが礼装用の黒いシルクハットにテニスシューズ、それに婦人用の短い化粧着のような上着といったいでたちの若い紳士と会話を交じわすのに悪戦苦闘し、そして私が、燕尾《えんび》服を着て毛糸の房飾りのある頭巾型の帽子をかぶった紳士と話をしていた時、高柳家の息子の一人が友人らしき青年と不意に割り込んできた。その青年は非のうちどころのないヨーロッパの服を着て、真っ白なネクタイをしめ、薄茶色をした専売特許のキッドの革靴をはき、そう、それだけだったかしら。いや、かれは首まわりを飾るために、大きな綿毛のふさふさとした最高級のマンチェスター製のバスタオルを巻いていたのだ」

明治二三（一八九〇）年、英国人のヒュー・コータッツイーが、作家のサラ・ダンカンの言葉を引用し、書き残したものである。

シルクハットとテニスシューズ、燕尾服《えんびふく》と頭巾、非のうちどころのないヨーロッパ製の服とバスタオルの組み合わせだ。明治二三年という時代に、外国人を庭園に招きパーティを催すことができるくらいの家柄であれば、作者は触れてはいないが、高柳家は貴族か、それに属する階級だろう。

時代がずっと下り、日活がアクション映画を製作していた昭和三〇～四〇年代は、登場するヤクザたちが、たいてい光りモノを身につけていた。宝石入りの指輪とカフリンクス、金のブレスレットと金時計、目方のありそうなネックレスの類だ。サングラス姿も多かった。スーツは、夏なら白のダブル、冬は真っ黒な、これもダブルだ。ネクタイは派手な縞《しま》である。そんなスタイルで、きらきら輝くミラーボールの下でドンパチを繰り広げる。縞《しま》
まさに婆娑羅の世界だ。

婆娑羅者がいくら拳銃を発射しても、ヒーローには決して当たらない。たまにヒーローの弟分などには当たるが、ヒーローは常に不死身だ。光りモノもつけず、銀行員のような真っ当なスタイルをしている。暴れまくり、ヤクザを追い払った後で、ヒーローに惚れた

美女がどこからか急に登場し、ヒーローにしっかりと抱きつく。ヒーローの息は少しも乱れず、銀行員風のスーツもシワひとつ寄っていない。

光りモノは、登場人物を区別するための格好の道具だったようだ。一七世紀の歌舞伎絵図にも、ロザリオを首からかけた采女《うねめ》が描かれている。采女とは、天皇の食事に奉仕した下級女官だ。宣教師たちの持っていたロザリオやさまざまな十字架は、当時の婆娑羅者に人気が高く、それを入手するために、わざわざキリスト教に入信するものもいたと伝えられる。

私が銀座に出入りするようになった四半世紀前の客の服装は、地味と婆娑羅風に二分されていた。地味は社用族で、婆娑羅風は芸能人かその筋の人たちだ。

(第十二話で詳述するが)映画のヤクザたちが身につけた装身具は、いかにも偽物っぽい光り方をしていたが、銀座で見る装身具は、どれも本物の光り方で迫力があった。彼らが高価な装身具を身につける理由は、見栄よりも、自分の身に何かあったとき、それを家族に残したいためだと、元その筋の人に聞いたことがある。ネクタイピン一本に、一千万をかける人間もいるという。足利尊氏の時代の、ただの婆娑羅者ではないのだ。

私が出入りしていたクラブは親分衆が多く、まん中の席に陣取り、若い衆がそれぞれホステスを挟みながら両脇に並んだ。親分は実にシックなスタイルをして、端へ行くほどに婆娑羅者風になっていく。婆娑羅者以外、何者にも見えなかったのは芸能人である。

中途半端な装身具はダンディズムの敵である

装身具をダンディに身につけるには、或る程度の年齢が必要だ。スーツ・スタイルに習熟して初めて、カフリンクスやタイピンが生きてくる。習熟しないうちは、どうしてもそれだけが突出して見えてしまう。

「装身具を、見せびらかすことほど虚飾が目立つことはない。それはごく少しだけつけるのがよりよいことだし、年齢が若くなればなるほど、装身具はよりシンプルにするのが望ましい」

アメリカの「メンズウェア」誌一九三五年三月六日号に掲載された読者への警告である。足利尊氏の「建武式目」と同じようなものだ。当時のアメリカでは、ガーネットやルビー、トパーズをあしらった婦人装身具顔負けのカフリンクスと飾りボタン（シャツのボタン）

四条河原の舞台に立つロザリオを首にかけた采女（『歌舞伎図巻』徳川美術館所蔵）

が流行していた。

男の装身具は見せびらかさずとも、それを身につけた人間の虚飾が見え隠れしやすいものである。金銀や宝石を素材にした装身具がもともと派手で、その派手さが虚飾や見栄という印象を他人に与えるためだ。派手は装身具自体が派手なことと、男の地味なスーツ・スタイルに対して派手というふたつの側面を持つ。濃色のウールやツィードなどの天然素材でまとめられたスーツ・スタイルに対して、無機質な金銀や宝石は、もともと異質なのだ。

私は、装身具を滅多に身につけない。カフリンクスは、イタリアで特注した金と銀、既製のオニキス一個を持っているだけだ。いずれもタキシード用である。タイピンの類は、昔のものがあるにはあるが、この二〇年あまりつけたことはない。指輪やブレスレットの類は、ひとつも持っていない。

カフリンクスをしない訳は、金や銀、あるいは宝石のきらめきが、全体の調和を乱しやすいからだ。カフリンクスは、一七世紀のルイ一四世（一六三八〜一七一五／国王在位期間は一六四三〜一七一五）の時代に登場した。装飾が目的である。ヴェルサイユ・ファッ

ルイ14世 (Louis XIV [1638-1715] in Royal Costume, 1701 [oil on canvas] by Hyacinthe Rigaud [1659-1743] Louvre, Paris, France/Bridgeman Art Library/Orion Press)

ションすべてがケバケバになり始めた頃だ。ケバケバにはケバケバがよく似合う。

五歳で王位を継ぎ、生涯国王であり続けたルイ一四世は、絶対王政を敷きle Roi Soleil（太陽王）とも称されたが、私生活は派手好みで、身をきらきらに飾りたてた。背の低さを隠すために、現代の女性のハイヒールに似た踵《かかと》の高い靴を履いたのも、フランスの宮廷では、一四世が初めてだと伝えられる。派手も行き着くところまでいけば、それはそれで婆娑羅でなくひとつのダンディズムとして昇華する。金糸《きんし》や刺繍《ししゅう》を絢爛《けんらん》に用いた上衣、二〇個以上あるダイアモンドの前ボタン、宝石を填《は》め込んだ鶉《うずら》の卵大のカフスの組み合わせは、国王としてのそれなりの意味を持ち得る。

だが現代のスーツは濃色が基本だ。シャツも、大方は白かブルーである。ネクタイも総じて地味な色彩が多い。ケバケバのネクタイを締めている人もいるが、昭和三〇～四〇年代に比べれば大人しいものである。

そこに金や宝石が加わるとどうなるかだ。男のアクセサリーとしては強過ぎるのだ。タキシードの場合は黒と白が基本である。そこに金や銀、小ぶりな宝石が加わると、黒と白に制御されながら、二つの色の間でエレガンスを表現できるが、スーツ・スタイルでは、それぱかりが目立つ。

私は、通常のスーツ・スタイルにカフリンクスはまったく必要がないと思っている。四～五万の比較的上等なシャツのボタンは、自然素材の真珠貝が用いられる。シャツはコットン素材だ。自然素材には自然素材がいちばんよく似合う。

ネクタイピンも同様だ。ネクタイの色との錯綜《さくそう》を処理できない人は、ネクタイピンをしない方が無難である。ネクタイピンのそもそもの役割は、ネクタイの固定だ。バイアス製法が開発される以前（一九二九年以前）のネクタイはへらへらで、スカーフと区別できなかった。それを首に巻き付け、ネクタイピンで支えた。

だが現在のネクタイのウェイトは、軽いものでも三〇グラム、重いものは七〇グラム以上ある。タイピンなどしなくとも十分に下に垂れ、形状を保つ。私は、ネクタイをイタリアでオーダーメイドするときは、ウェイトを六〇から七〇グラムと指定する。そのくらいが、タイピンなどせずとも、いちばん自然に垂れてくれる重さである。

男が装身具を身につけるコツは、婆娑羅者という印象を他人に与えないことだ。婆娑羅とダンディズムは、常に紙一重である。派手で豪華な装身具を中途半端につければ婆娑羅者に、地味で上品な装身具を服装全体に散らすことができればダンディになり得る。但し、本当に上品でエレガントなカフリンクスやタイピンは、例えば、グリーントルマリンやラピスラズリーと18Kゴールドの組み合わせのように、モノによっては何十万円、一〇〇万を超えるカフリンクスもある。

装身具は、中途半端がもっともダンディズムを阻害する。スーツや靴も同様である。ダンディズムとは、全体が或るレベルに達して初めて体現できるものだからだ。

第四話　靴

取り外しの利く足

ギリシャ神話のゼウスとダナエの息子であるペルセウスは、ゴルゴンの首を打ち落としたとき、片足にだけ靴を履き、もう片方の足は素足だったと伝えられる。

中世ヨーロッパでは、罪人が追っ手から逃れるために、片方の靴を投げ込めば、すべての過去が清算されるという聖域が実在していた。靴を何かのモノの上に置くと、そのモノが、自分の所有物になったという時代もあった。ノルウェイでは、来るべき新年を迎えるにあたって、家族が諍《いさか》いをせぬようにと、クリスマスイヴに家族全員の靴を玄関先に並べる風習がある。

創造の世界では、「ガラスの靴」がシンデレラを王妃にし、「赤い靴」はバレリーナを死ぬまで踊らせ続け、童謡のなかの「赤い靴」を履いた女の子は、異人さんに連れられ碧《あお》い目になってしまった。「ガラスの靴」は、フランスの作家シャルル・ペーロー（一六二八～一七〇三）が民話に基づき著したものだが、「グリム童話」にも収録されている。

民話のなかで靴が繰り返し語られた理由は、卓越した物語性もさることながら、靴が秘めた魔力を、当時の人々が実際に信じていたためではないかと、私は思っている。ヨーロッパの片田舎の山の洞穴《ほらあな》で、深夜、靴屋が靴を作ったという伝承から靴屋の名が地名になったり、さまざまな霊が靴屋の名で呼ばれていたことから考えると、西洋の靴は、我々日本人には想像外の何かを秘めているのだろう。イタリア人は、ショーウィンドゥにディスプレイされた靴を、女たちを見つめるような曰《いわ》くありげな視線で一〇分近く凝視する。

そこに靴を大切にする西洋人と、それほど気配りをしない日本人の差がある。西洋人にとり、靴は人体の一部で、云うならば取り外しの利く足なのだ。聖域に靴を投げ込めば、体に先んじ足だけが届いたという発想、何かのモノの上に靴を置けば、（足で踏みつけ）自分の所有物になるという発想は、まさに取り外しの利く足で、これは日本にはない考え方である。その日本にはない考え方こそ、西洋人が靴を上手に履くことができる大きな理由だと私は推測している。逆説的には、それを理解できれば、靴でダンディズムを表現できるということだ。

靴の変遷

現存するもっとも古い履物の記述は、旧約聖書の出エジプト記の「モーセの召命」3：5だ。こんな件がある。

「神が言われた。『ここに近づいてはならない。足から靴を脱ぎなさい。あなたの立っている場所は聖なる土地だから』」

旧約聖書が編まれたのは、紀元前およそ二〇世紀からだとされる。靴は、革のサンダルだろう。

現存する世界最古の履物は、紀元前一四世紀の古代エジプトの王家の谷から発掘されている。貴人のミイラが履いていた黄金のサンダルだ。権力の象徴としての履物だろう。

同時代のツタンカーメンの墓からは、木に革を張りつけたサンダルが見つかっている。こちらは実用だろう。実用だが、地位の象徴としての意味も含まれていたようで、なぜなら壁画に残るファラオの背後には、サンダルを捧げて王に従う召使が描かれているからだ。サンダルは時代とともに、激しい動きを伴う戦いや移動のために、次第に複雑な形になり靴の形状を呈してくる。

一方で、極寒の地方や狩猟を必要とする民族は、暖を取るために、あるいは保護のために、足全体をくるむ必要があり、獣の皮を適当に裂き、足に巻き付け、足首のあたりを皮紐で縛った。足を収める皮袋の発想だ。

以上が靴の二大起源である。前者を解放性履物、後者を閉塞性履物と称する。但し、ファラオたちの象徴的サンダルとは別に、（時代は下るが）移動を伴わない農耕民族たちも、鼻緒付きの解放性履物を愛用し、それが進化していったという歴史を持つ。

現代型の靴が登場したのは一五世紀で、踵がついたのは一七世紀である。それ以前の靴には踵がなく、底は平らだった。踵が必要になった理由はふたつある。ひとつは、上流階級のレディたちの背を少しでも高く見せるためで、それが男たちの靴へと波及した。もうひとつは、長距離の移動が日常的に行われるようになり、ぬかるみや悪路を乗り切るためである。

靴の製法は、グッドイヤー・ウェルト式とマッケイ式による。前者は、甲と中底を初めに縫い、それを本底に縫いつける複式縫いだ。もっとも堅牢で、底を何度でも張り替えられる製法だ。後者は、甲と中底、本底を一度に縫いつける単式縫いである。ウェルト(welt)という言葉の初出は一四二五年、意味は「細皮」で、これは、グッドイヤー・ウェルト式の甲部分と底部分を縫い付ける細い皮を意味する。

靴に踵が付いてからは、前時代の簡素な靴にとって代わり、靴は格段に華やかになっていく。拍車やリボンなどの大きな革飾りを付け、ヒールもどんどん高くなった。フランスを例に挙げれば、一七世紀初めのアンリ四世(一五八九〜一六一〇年在位)、ルイ一三世(一六一〇〜四三年在位)、ルイ一四世の治世の時代だ。服装史上において、もっとも奢侈《しゃし》が繰り返された時代である。

その後マッケイ式製法は一八六一年に、グッドイヤー・ウエルト式は一八七五年にあいついで機械化され、大量生産の時代に入っていく。

日本の靴の歴史は、和装になる以前の靴が知られる。昭和六〇(一九八五)年に、奈良・斑鳩《いかるが》の藤の木古墳から出土した、婦人靴に似た底の平らな黄金の靴、熊本の江田船山古墳から出土した同様の形の靴などだ。

寺島良安は、『和漢三才図会』のなかで、靴をつぎのように詳述している。

「『説文』に、『履《くつ》とは足を入れるものである』とある。草のものを扉《ひ》といい、麻のものを屨《く》といい、皮のものを履《り》という。（中略）天子は黒くて四角な履、諸侯は白くて四角な履、大夫《たいふ》は白くて丸い履である。二重底のを舃《せき》といい、単底のを履という。三代の頃にはみな皮でこれをつくった。舃は木を履の下に付けるので乾きさえすれば泥など苦にならない」

『説文』は、後漢時代の字書だ。後漢は、中国古代の王朝で、紀元後二五年から二二〇年まで続いた。足をくるむという意味では、西洋の皮袋の発想と同じだが、思想的にはファラオたちの革サンダル同様、地位の象徴として用いられたのだろう。

西洋式の靴がぼつぼつ日本に入ってきたのは、安政元（一八五四）年を境とする。靴の老舗の大塚製靴が編んだ一〇〇年史に「この頃より西洋靴、鞄、外人を通じて入りはじめる」という一文が見られる。ペリー艦隊が浦賀に入港した翌年のことだ。その六年後には、オランダ人のレマルシャンが横浜に靴工場を創設した。アメリカが南北戦争を始めた年に

靴の製法

グッドイヤー・ウェルト式

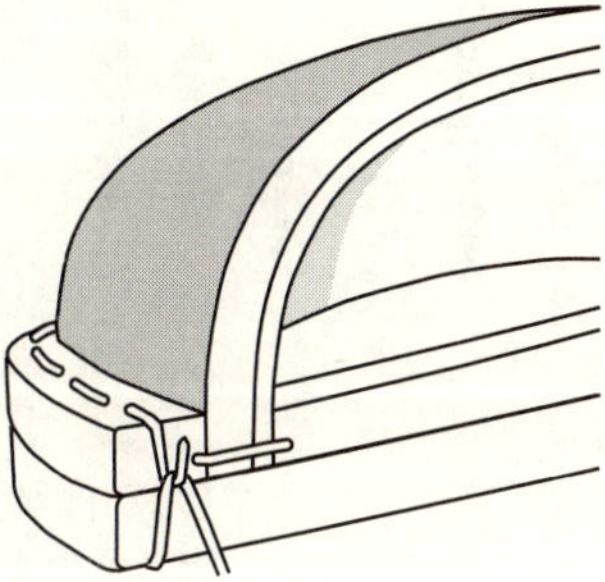

マッケイ式

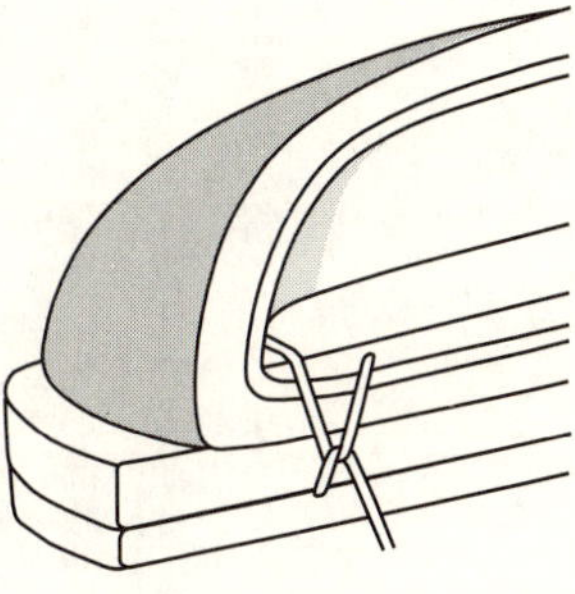

当たる。

東京遷都が行われた明治二（一八六九）年には、幕末維新の兵学者で、幕府の蕃書調所《ばんしよしらべどころ》教授を勤めていた大村益次郎《ますじろう》が、製靴業界の草分けの西村勝三（一八三六〜一九〇七）に軍靴生産を依頼している。西村は大村の申し出を受け、東京・築地の入船町に製靴工場を創設し、軍靴製造を開始した。翌明治三年には、和歌山藩の陸奥宗光《むつむねみつ》が藩政改革の断行の一環として、洋式軍隊一〇万人の兵の靴を調達するため「西洋沓仕立方並鞣革《なめしがわ》製作所」を開設した。こうして靴は、洋服とともにじわじわと市民権を得ていくようになる。

まず自分の足の寸法を知る

「一〇〇〇ドルが消えちまった」

「あなた一〇〇〇ドルもする靴履いているの」

「ああ、片方でな」

アメリカ映画『ゲーム』（一九九七）のなかに出てくる一シーンだ。投資家のニコラス（マイケル・ダグラス）が猛犬に追われ、正体不明の女クリスティーン（デボラ・カー・

アンガー）と一緒に逃げ回り、塀《へい》によじ登る。ニコラスが片方の靴を下に落としてしまった直後のやりとりだ。

邦貨にして二十数万の靴だ、靴もこのくらい出せば一生モノになり得る。ニコラスの履いていた靴は、ハンド・メイドのグッドイヤー・ウェルト式だろう。およそ二七〇工程を要する。機械で作られたグッドイヤー・ウェルト式でも、上質なものはその半分くらいはする。一足、邦貨でおよそ一〇万、そのくらいがダンディな靴の条件である。デザイナーたちの作る靴を別にすれば、靴は、ものの見事に価格に比例するからだ。一〇万は、原産国で購《あがな》えば、五〜六万といった程度か。もっとも上質な靴は、パートによってそれぞれ異なる牛皮を用いる。底はドイツ、甲と腰（靴の周囲）は英国、内張りはイタリアの牛である。

靴をダンディに履くためには、まず自分の足の寸法を知ることだ。足には前後（足長）左右（足幅）、甲の高さ（足囲）という寸法がある。それを正確に把握する。足長とは、踵点《しょうてん》からもっとも長い指先までの寸法だ。踵点とは、アキレス腱の下の出っ張った骨部分である。計測するためには、白い紙の上に直立し、そこに定規を当て垂直におろし、印をつける。同様にもっとも長い指先に印をつけ、その間が足長になる。足幅は、もっとも幅のある親指の付け根から小指の付け根にかけての寸法だ。足囲は、指の付け根部分に糸を巻きつけ計測する。

正確な足の実寸を予《あらかじ》め知るべき理由は、靴には、靴型サイズと、足入れサイズがあるため、ジャストフィットする靴を探すのがむずかしいためだ。前者はヨーロッパ式、後者は（JIS規格の）日本式だ。ヨーロッパ式は、靴を作るための木型や金型の寸法に準じてサイズを決め、足入れサイズは足の寸法を基にする。

さらに面倒なのは、双方のサイズともに三通りの寸法があることだ。まず、メーカーの表示寸法だ。国により表示がまちまちなので実に判りにくい。例えば日本の二四（センチ）は、英国では六、アメリカでは六ハーフ、フランスでは三九になる。英国、アメリカともにインチ換算だが、前者は踵点から四インチ（一〇・一六センチ）を起点に、後者は踵点から3 11/12インチが起点と、これもややこしい。フランスサイズは、踵点からのセンチ表示だが、足入れサイズでなく靴型サイズを採用しているため、日本の靴サイズの表示より大きくなる。

足長と足幅

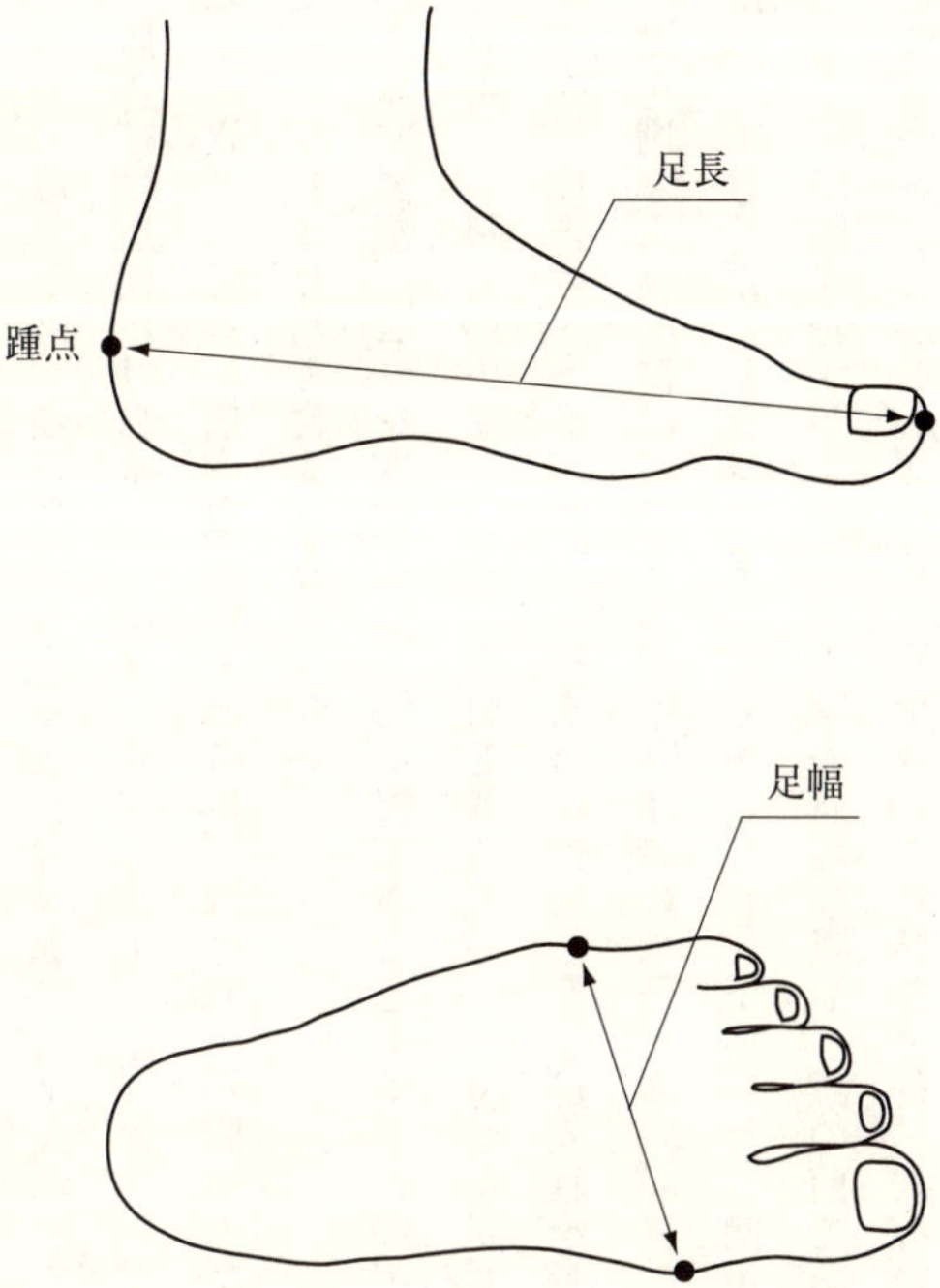

次に個々の自称寸法だ。たいていの人は自分の靴のサイズを、例えば二六センチなら二六センチと思いこんでいる。足は、歩行によって変化を繰り返す。足入れしたばかりの朝は自称寸法でも、履き続けた夜には膨張し、かならず寸法を上回る。きついか緩いかという感覚も、個々により違ってくる。筋肉質の足もあれば、ぽっちゃり膨らんだ足もある。自称寸法は、したがってあまり当てにすべきではない。

最後は、足の感ずる寸法だ。これを感覚として足が捉えることができれば、もっとも信頼できる寸法になり得る。最良の方法は、一日中靴を履き続け、採寸した足長、足幅、足囲の寸法を靴店の販売員に告げ、多少窮屈めの靴を選んでもらう。足入れをし、足を強く圧迫しない程度の靴を選ぶ。翌朝には、ジャスト・サイズになるはずだ。

試し履きする際は、できるだけリラックスし直立する。言葉で述べれば簡単だが、慣れない人にとっては、これが結構むずかしい。スーツの試着の際も、鏡の前で緊張する人が多い。緊張は、体の筋肉をどこかこわばらせ、体を微妙に変形させる。試着や試し履きの際は肩の力を抜き、できるだけ自然体で臨む。これは基本である。

靴に足入れをした後は、鏡を見る前に爪先の空き（捨て寸）に意識を集中する。捨て寸は、足の前後運動のための余裕である。適度な捨て寸は、靴の中で足を遊ばせ、歩行を楽にする。一〇ミリ程度の空きが望ましい。足の指を動かしながら空きを確かめる。捨て寸は、長すぎると歩行を阻害し転びやすくなる。逆に短過ぎると指を傷める。序《つい》でに、指を持ち上げ、指と靴の間隔を確かめる。圧迫しない程度に、靴の甲が足の甲を押さえる程度が良い。この部分が離れ過ぎていると、歩行に著しい支障をきたす。

次に、足に意識を集中させながら歩行を繰り返し、足と靴に摩擦がないか、窮屈でないかを確かめる。同時にトップライン（履き口）にも留意する。トップラインは、足首を締めながら、足の表面に添って甲を押さえる役目を果たす。歩行の度に、トップラインがふわふわ開く靴は明らかにサイズ違いだ。早足で歩いても、トップラインが微動だにしない靴がジャストサイズである。

靴は、身なりを体現する。スーツが多少くたびれていても、一〇万の靴を履けば、全体はそこそこに見える。靴の秘めた魔力のひとつだ。逆に、三〇万のスーツを身につけても、二万くらいの靴を履いていたら、スーツは、せいぜい四〜五万くらいにしか見えない。

西洋のホテルマンたちは客の靴を必ずチェックする。スーツは上等かそうでないかは、判りにくい。だが、靴はすぐに判断できるからだ。私は、西洋のホテルを訪れるときは、ハンドメイドの靴と、使いこなした革のスーツケースを携える。フロントの扱いは丁寧そのものである。一見《いちげん》の客に対する彼らの判断材料はそれしかないためだ。イタリアと英国のホテルマンたちの反応がもっとも素早い。

一〇万円の紐付きの靴

スーツと靴の装いで、ダンディズムを表現するためには、よく手入れされた紐付きの靴を履くことが最大の条件になる。理由は三つある。

初めに、人の服装は、古来から、留める、締める、結ぶことで成立している。ジャケットのフロントのボタンを留める。ネクタイを締める。靴紐を結ぶ。留めて、締めて、結んで服装は完結する。この三つの作業が、全体を引き締めるのだ。紐なしのスリッポンやローファーは、もともと室内履きが起源で、スーツ・スタイルにコーディネイトする靴ではない。

スリッポンやローファーは、戦後、アメリカ人が日本に持ち込み、それが定着した。家

ダンディズムを表現するためには、良く手入れされた紐付きの靴を（筆者蔵）

で靴を脱がなければならないという日本の住居事情が、紐なし靴の需要を大いに喚起したためである。アメリカ人と日本人の相違は、前者は、紐なしの靴を履くべき場所と、コーディネイトすべき服装を知っているのに対して、後者は全然知らないことだ。アメリカ人はカジュアルなスタイルにはローファーを履く。だがスーツ・スタイルには紐付きを履く。アメリカ人ならず、ダンディな西洋人は皆そうだ。

ふたつめの理由は、装飾的意味合いだ。ズボンと靴は、中世初期の時代から持ちつ持たれつの関係で進化してきた。ズボンが華やかだった時代の靴は地味で、靴がきらびやかで華やかだった時代のズボンは、装飾が極端に削がれた。ズボンと靴が競合すると、全体の均衡を失するためだ。

お洒落の基本は、シャツとネクタイの関係のように、互いに拮抗するモノのうちどちらかを地味にして、もう片方を目立たせる。メリハリ感を表現するためだ。現代のスーツ・スタイルは定型で、色彩もきわめて抑制されている。紐付きの靴は、靴紐と対に配された六〜一〇個の紐穴、穴飾りやステッチが、その表情に華を添える。紐なしの靴は、靴の表情に欠け、現代のスーツには役不足なのだ。足元がいかにも頼りなげに見える。

伝統的なスタイルを具えた靴は、流行とは無縁である。フィレンツェ（伊）の靴職人ステファン・ベーメルの傑作（筆者蔵）

三つめは、足のサポートである。靴は何らかの方法で足を締めつける必要がある。歴史的には、ゴムやボタンを利用した時代もあった。開化の時代に、日本に入ってきた靴がそうだ。紐付きの靴の隆盛は、その後の時代である。スパイクシューズのように、紐が、もっとも確実に足をサポートしたからだ。我々は靴だけでなく、靴と紐に足元を任せているのだ。その点、紐なしの靴は脱げやすいという致命的な欠陥を具えている。

ダンディズムを表現するためには、服と靴がバランス良く調和していなければならない。どんなに高価な靴でも、それ自体でダンディズムを表現することは到底無理である。どっしりとした存在感のあるウェルト式の紐付きの靴には、クラシックな重厚なスーツを、軽やかなマッケイ式の靴には、デザイナーたちがデザインしたソフトなスーツがよく似合う。重量感のあるツィードやカシミアのジャケットにはウェルト式が良い。ダンディたる者は、どんな服装にせよ、まず全体の均衡と統一感に気を配らなければならない。

まず揃えるべきは、一〇万の靴だ。スーツを購入してから、靴を購うのは間違いだ。スーツは遅かれ早かれ消耗し、また購入する羽目になる。一〇万の靴を手入れ良く履きこなせば、スーツを何度買い替えても十分対応できる。

私は、二〇年以上前の靴を未だに何足か愛用している。二〇年は二四〇か月で、月々四一六円の投資に過ぎない。二万の靴を二四か月で履き潰せば、月々八三三円を必要とし、後には何も残らない。そう考える。初めに一〇万の靴を一〇足まとめて購入すれば、一生靴など探す必要はなくなる。スーツの形が変わらない限り、靴の形も不変だからだ。

英国人は、学校を卒《お》えて社会人になると、まず上質な靴を求める。次にスーツ、残った予算でシャツとネクタイを購う。正しい揃え方だ。日本人は、なぜかスーツ、ネクタイなど流行が激しいモノを優先する。長いスパンで考えれば、不経済きわまりない揃え方だ。

伝統的なスタイルを具えた靴は、流行とは無縁である。靴業界は、手を替え品を替えいろいろ仕掛けはするが、仕掛けは機能的な面だけに過ぎない。ダンディズムから、およそかけ離れた軽量化やゴム底の類だ。機能を優先するほどに、靴は、本来あるべき靴の姿からどんどんかけ離れていく。

ＣＤばかりを聞いていると、アナログの音が聞き分けられなくなる。布製のバッグばかりを提げていると革の良さを見失う。人工的に染色された和服を着ていると、植物染料で先染めが施された和服の粋と魅力が判らなくなる。それと同じことだ。ゴム底の靴ばかり履いていると、片足だけで六〇〇グラムある革製の靴が程よく歩行に適し、人を疲れさせないという現実が信じられなくなる。人に優しいなどという機能優先主義は、側面で、必ず文化の喪失を生む。機能は、ダンディズムと、もっとも相性の悪いモノである。

靴の形は、スーツ・スタイル同様、一九五〇年代に完成しているのだ。足の形が定型である限り、靴の形はいじりようがない。紀元前のサンダルは、現代でも通用する。ともあれ一〇万の、紐付きの靴だ。

第五話　腕時計

腕時計収集のはじまり

大学を卒え、社会人になった初めての年に何か記念にと思い、上野のアメ横の「珍品堂」なる店でオメガのデビルを購入した。三十数年前の話だ。オメガ、パーカー、ダンヒルがサラリーマンの三種の神器《じんぎ》などと騒がれていた時代で、価格は五万円だった。

その頃のオメガが、平均して幾らくらいだったかは忘れてしまったが、日本製の腕時計の数倍はしたと思う。ロレックスは、金ムクが三六〇万だった。これは覚えている。一ドル三六〇円の時代だったからだ。当時の日本製の腕時計で、はっきりと価格を覚えているのはセイコー・クォーツ・アストロンだ。四五万円だった。トヨタの廉価版カローラが、確か四三万で、（国産の）時計が車の価格を超えたと、当時話題になったからだ。

オメガは、デパートの時計売場にも並べられていたが、日本の腕時計とデザインはさほど変わらなかった。セイコーやシチズンの高級バージョンが、揃ってオメガを真似ていたからだ。だが珍品堂のデビルは、一風変わっていた。文字盤はダークブルー、針は白、オストリッチのバンド付きで、私にはモダンそのものに見えた。

当時の私の初任給は二万六〇〇〇円で、家賃もそのくらいは支払っていた。代金をどう工面したかは忘れた。別段そのためにアルバイトをした覚えもなく、悪事を働いた覚えもないので、多分、私よりずっと稼ぎが多かったカミさんから借金したのだろう。それが時計収集のきっかけになり、ぽつりぽつりと腕時計が増えていった。

モノの収集は学習につながる。モノをよく観察する癖がつくからだ。店頭で見て、他人のモノを盗み見る。高価なモノになるほど、学習に熱が入る。入手した後で後悔しないよう、フェイク（偽物）を掴ませられないよう慎重にもなる。私にとり、時計がまさにそうだった。

実用と装身具の狭間で

デザインばかりに惹かれ、やみくもに腕時計を集めていた私が、あるとき気がついたことは、特定の人に似合う腕時計とそうでない時計があるという、換言するならば人と腕時計の相性だ。判りやすい例が、数年前に時計店のコマーシャルに登場したポール・ニューマンと金ムクのロレックスの関係である。私は、あの広告を何かの折に目にしたとき、クライアントに拍手喝采したい気持ちになった。ポール・ニューマンが具えた粗っぽい男《おとこ》気《ぎ》と、(言葉は悪いが) 成り上がり者的雰囲気、ある種の泥臭さが、金ムクのロレックスと、私の頭のなかで見事に合致したからだ。

金ムクが、どうのこうのと云うわけではない。現に私も金ムクを、後年三六〇万という大金を支払って購い、今でも愛用している。確かに、それだけ金ムクは魅力がある。金ムクは、ウォーレン・ビーティには似合わないが、ポール・ニューマンには良く似合う。ただそれだけの話だ。

それだけの話なのだが、そこに腕時計選びのむずかしさがある。実用と装身具双方の役割を兼ねているため、選択を誤るとダンディズムをぶち壊しにしてしまうからだ。

腕にはめ他人の目に晒《さら》されるため、人は装身具的腕時計、あるいは高価な腕時計を欲しがる。双方とも実用とは何ら関連性を持ち得ない。持ち得ないが、大抵の人は実用に加えて装身具的要素を求め、腕時計に自らの社会的ポジションを証明させようとくだらぬ役割を押しつける。女の装身具は数多《あまた》にあるが、男の装身具は限定される。なかでもっとも面積が大きいのは腕時計だ。だから、一目でそれと判る高価な腕時計を欲しがる。貯金通帳を手首にはめているようなものだ。

装身具的役割など無視して、機能だけを重視するならば、ハイテクを駆使した月差数秒という安価なクォーツで十分のはずだ。（そんなシチュエーションが、実際にあるのかどうかは知らないが）「何時にセットした」「一〇時ジャストだ」「みんな時計を合わせろ」「今、九時四五分三〇秒だ」「よし爆発まであと一四分三〇秒あるぞ」の類だ。この場合は、ロレックスの金ムクでは明らかに役不足である。そもそも目的が異なるからだ。

ポール・ニューマン ©DAVID SUTTON ／ MPTV ／ ORION PRESS

まず手首との関係を考える

「優れたデザインは九八%の常識と二%のマジックから成立する」と云ったのは、「ザ・コンランショップ」の経営者として知られるデザイナーのテレンス・コンラン卿（英）である。腕時計を選択するときは、二%のマジックを優先してはならない。基本のキだ。

初めに九八%の常識を優先する。常識とは、まず腕時計が腕時計であるべき思想とプロポーションである。思想とは実用だ。腕時計の実用は、必要なときに取り出すカメラの類の実用とは明らかに異なる。常に人と一体にならなければならぬという特殊な実用である。手首の程良い位置で時を告げ、なおかつスーツ・スタイルに対応できる上品さを具えていなければならない。

プロポーションの方は、一九五〇年代に、すでに粗方《あらかた》出揃っている。一九二〇〜三〇年代のアール・デコの時代にさまざまなマジックが繰り返され、それが五〇年代に結集した。時計に限らず、スーツ、靴、車、家具すべてそうだ。それ以降の半世紀は、コマーシャリズムに操られながら、モダンとネオ・クラシックが入れ替わりたち替わりしているに過ぎない。

現代は、ネオ・クラシックに傾きかけている。ネオ・クラシックとは、伝統的なスタイルの再生と復興だ。イタリアのクラシック・スーツしかり、フォルクスワーゲンのスタイリングしかり、イーセン・アーレンの家具しかりだ。人が用いるモノは、すべからく機能の形態に従わなければならぬという大前提が存在する限り、マジックをどれほど駆使しようと、基本は変わりようがない。基本に、時代というエッセンスや調味料が少しばかり振りかけられるだけのことだ。

したがって腕時計を購入しようとするときは、腕時計の基本を考察することが大切である。基本とは、腕時計と手首の相関的な関係だ。腕時計は、（腕とは云うが）常識的には手首にはめる。厳密には、手首のどのあたりにはめるかをも考えなければならない。なぜなら、人体には顔があり胴体があり手脚があり、それぞれがデザインされ、手首もその例に漏れず、個々の手首の形状は異なっているからだ。

細い手首、ぶ厚い手首、ぽっちゃりした手首、ぎすぎすした手首に、ロレックスの金ムクやカルティエのディヴァン、ヴァセロン・コンスタンティンのエッセンシャル１９７２、フランクミューラーのトノウ・カーヴェックス・トゥールヴィヨン・クロノグラフのどれもが似合うとは到底思えない。スーツや靴、ネクタイは自分に似合うモノを選択できるにもかかわらず、腕時計になると、それが自分に似合うかどうかも考えずに、やたらに目立つ時計をはめたがるという現象は、装身具的要素のみを重んじるためで、だがもし装身具であれば、なおさら自分に似合うモノを選択すべきで、そう考えていくと、目立つ時計をはめたがるということは、他人にただ見せびらかしたいという結論も導き得る。

しかしながら、何にせよ、身につけるモノはそのモノが好きなことと、それが似合うこととは別次元の問題である。特定の人に似合う腕時計とは、換言するなら、特定の手首に似合う時計だ。腕時計は、まず手首との関係を考えるべきなのだ。

人の手首の寸法は限られている。例えば私の手首は五五ミリで、筋肉質で角張っている。五五ミリ幅の角張った面積に、どんな形状の、どれほどの大きさの腕時計を収めれば上品に見えるかを初めに考える。腕時計は、トノー（樽型）を除けば、大半が丸か角で、丸が多い。懐中時計時代の名残だ。懐中時計が丸かった理由は、それを用いていた時代のフロックコートやスーツのプロポーションが角張っていたからだろうと私は考えている。丸に

（左）文字盤面積700㎟のロレックス（右）同面積314㎟のアンティークのロレックス（共に筆者蔵）

対して角、角に対しての丸がデザインされたものは、面積の比率にもよるが簡潔ですっきり見える。日の丸がいい例だ。

ロレックスの金ムクは丸型だ。文字盤の直径は、リューズ部分を含めれば三五ミリある。文字盤だけなら三〇ミリだ。面積は半径の二乗×円周率だから、およそ七〇〇平方ミリになる。私の五五ミリの手首に対して七〇〇平方ミリの文字盤は、明らかにバランスを失している。大き過ぎるのだ。手首に対するバランスの悪さは、金ムクを購入してから気づいた。

それまでに、ロレックスはダイバーズ・ウォッチを含めて七～八個持っていた。文字盤の面積は、どれも同じようなものだった。金ムクを購入するまで大き過ぎることに気づかなかったのは、ゴールド素材が膨張して見えるということを知らなかったからだ。

シルバーは、同じ表面積でも小さく見える。だがゴールドになると、途端にばかでかく見えてくる。おまけに金ムクには、手錠のようなぶ厚いブレスが付いている。ポール・ニューマンの太く逞《たくま》しい手首に似合うものが、私の五五ミリ幅の手首に似合うはずもないのだ。

しかしながら、私は金ムクを（前述の通り）現在でも愛用している。理由は、金ムクの並み外れた堅牢さだ。これは凄い。群を抜いている。何度も床に落とし、ぶつけたりもしたが故障知らずだ。人の習性とは正確なもので、薄型の時計に慣れ、急に厚型の時計をはめると、例えば帰宅して暗がりのスウィッチを手探りするようなとき、腕時計を必ずどこかにぶつける。金ムクもあちこちぶつけた。だが壊れない。購入して十数年を経て、これといったメンテナンスをした覚えもない。

以上の経験から、私なりの最良の腕時計を結論付けするならば、手巻き、素材はゴールド、ベルトはクロコダイル、角型で文字盤の面積は最大三五〇平方ミリまでのモノになる。手巻きは腕時計の原点だ。クォーツは、現代では腕時計ではなく安価な精密機械に過ぎない。ゴールドは、腕時計にとり必須の素材だ。人肌には金。古代ローマ時代からの習いである。

クロコを選んだ理由は、ほかの革に比べると質感がもっともゴールドに適していると感じたからだ。ジャケット地のウールやカシミアにも合う。但し、薄い色目のクロコは、汗染みになりやすい。

角を選択した理由は、角の醸す先鋭とシャープさだ。私の手首のプロポーションから考えれば、本来なら丸型が向いている。だが私は、シャツの袖口から必ず時計を半分覗かせる。その際、袖先のアールに対して、丸より角の方がシャープな感じがしたためだ。

服装との関係

ダンディを目指す男であれば、腕時計をはめたとき、どんな衣服を身につけ、手首全体がどうなるかまでを考えなければならない。全体とはジャケットの袖口、シャツの袖口、腕時計、手首だ。そのあたりが一体になり、エレガントにデザインされている必要がある。それが手首のダンディズムに繋がる。セーターなのかシャツなのか、シャツの袖先はシングルなのかダブルなのか、そこまで考えて腕時計を選択する。

服装に合わせて複数の時計を用意することも大切だ。私は、カジュアルな服装には金ムク一辺倒である。スーツ・スタイルにはカルティエのタンクか、同じカルティエのレディス用アメリカンをはめる。前者の文字盤の大きさは、一八ミリ四方で、面積は三二四平方ミリ、後者は二〇（縦）×一五（横）ミリで、面積は三〇〇平方ミリだ。五五ミリ幅の私の手首にそれくらいが丁度良い。

そのほか、シャツの袖先をダブルカフスにしなければならないようなクラシックなスタイルには、一九二九年製のロレックスのアンティークを愛用している。ニューヨークのフィフス・アヴェニューのアンティーク屋「AARON FABER JEWELRY」で見つけた9Kのピンクゴールドだ。9Kの金に銅を混ぜ合わせると、ピンク色になるのでそう呼ばれる。文字盤の直径は二〇ミリで、面積は三一四平方ミリである。

首から懐《ふところ》、そして腕へ

時計の歴史を述べるのを忘れていた。時計は、古くは、これも旧約聖書に登場する。イザヤ書の38：8である。

「『見よ、わたしは日時計の影、太陽によってアハズの日時計に落ちた影を、十度後戻りさせる』。太陽は陰の落ちた日時計の中で十度戻った」

（日本聖書協会／新共同訳）

古代アテネでは、床に棒を直立させ、陰の長さで時間を測定した。太陽の出ない夜間は、砂時計や水時計が用いられた。もっとも確かな時間の測定には、長さ一二インチの蝋燭《ろうそく》に一インチずつ印を刻み時間を推定した。蝋燭時計である。九世紀まで使われていた。

機械仕掛けの時計の登場は、その少し後の時代で、ギリシャのクラシビウスの手により作られ、イタリア・ヴェロナの僧侶だったハシフィックがそれを改良したとされる。一二世紀に入ってからは、教会に献上されるための時計が作られるようになり、時計は、歴史にはっきりとした形で幾度も登場するようになる。時計を意味する英語の clock の初出は、『英語語源辞典』（研究社）によれば一三七〇年だ。

その後、時計は、壁掛け、テーブル・ブラケットなど次第に小型化していく。ブラケットとは、文字盤の周囲を黒檀《こくたん》やオーク材で囲み、金メッキなどを施した装飾性の強い置時計である。携帯用時計を考案したのは、ドイツのピーター・ヘンラインだ。一六世紀のことである。

懐中時計や腕時計を意味する英語の watch の初出は、前掲辞典によれば一五八八年で、意味は「文字盤の刻み」だ。その二年後にシェイクスピアが、「Love's Labour's Lost」（邦題は「恋の骨折り損」）の第三幕第一場で用いている。こんな件だ。

「ああ、おれが恋をする！　女を口説く！　妻を欲しがる！　それも、ドイツの時計のように、しょっちゅう修繕しても狂いっぱなしで嘘ばかりつき、時の見張り役でありながら、よく見張ってないとあやまちを犯してばかりいる女だ」

（小田島雄志訳／白水社）

時計が人体にまつわりつき始めたその頃から、時計は次第に装飾性と宝飾性が強くなる。これは装いとも深い関連があり、第一話で述べた通り一六〜一七世紀は、服飾史上もっとも派手な時代だったからだ。

首や懐の時代を経て、時計が腕にはめられたのは一七九〇年とされる。ジュネーブのジャック・ドロ・ルショー社の出納帳《すいとう》に、「腕時計」の文字が残る。一八〇〇年には、アブラアン・ルイ・ブレゲが実用化への第一歩を踏み出し、一〇年後にナポリ王妃に献上した。

日本では、時計は、古くは斗鶏の文字が当てられた。『善庵随筆』に、

「其形斗に似て、鶏の晨《あした》をつげ、時を報ずるが如くなればとて、新たに斗鶏と名を命じ、その記文さへも添へて贈りしを、紅毛人官府へ其まま上納せしよし」

とある。土圭、斗景の文字も用いられた。

日本の古時計では「漏剋《ろうこく》」が知られる。水時計だ。

「いくつかの木箱を階段状に置き、管を使って、水を順に下の箱に送り込み、最下方の箱に矢を立てて、その浮沈により時刻を計った」

(『大辞泉』)

という時計だ。

奈良時代の歴史書の『日本書紀』(養老四年/七二〇年成立)には、

「皇太子初めて漏剋を造りて民をして時を知らしむ」

という記述並びに、

「夏四月丁卯朔辛卯、漏剋を新台に置き、始めて候時を打ち、鐘《しょう》鼓《こ》を動し、始めて漏剋を用う」

とある。

日本に渡来し、文献に残された西洋時計は、天文二〇(一五五一)年の置時計が知られる。ポルトガルの宣教師フランシスコ・ザビエルが、豊後《ぶんご》の将だった大内義隆に献上した。『大内義隆記』には、

「天竺人より贈れる種々の物品には警鐘の声に応じて十二の時刻を報ずるに、昼夜の長短を違《たが》えず」

とある。義隆はそのすぐ後で陶隆房《すえたかふさ》に襲われ豊後を逃れ自死している。

現存する時計としては、久能山東照宮に残されている徳川家康（一五四二～一六一六）の四角い置時計が知られる。家康がメキシコ総督から贈られたものだ。家康の三男の秀忠（一五七九～一六三二）の棺のなかからは、象牙でできた携帯用の日時計が発見された。

近世前期には、時計師と呼ばれた職人たちが、櫓《やぐら》時計、印籠《いんろう》時計、枕時計、尺時計などの和時計を製作した（『日本風俗史事典』日本風俗史学会編／弘文社）。日本が不定時法を用いていたため、西洋の機械式時計をそのまま用いることができなかったからだ。不定時法とは、日の出と日の入りを時刻の基準にして昼夜を等分する時法である。

ダンディに身につけるには

身につける時計は、手首にエレガンスと上品さを添えなければならない。手首だけが目立つのは下品である。全体のバランスを考えて腕時計を選ぶ。時計の厚さに合わせて、シャツの袖のボタンを調節する。左の手首に腕時計をはめる人は、左のシャツの袖ボタンを一個分だけずらし、袖口を広げておく。腕時計は決して袖口に引っ掛かってはならない。自由にシャツの袖から出たり入ったりすべきである。

腕の動きが静止したときは、前述の通り、時計の半分だけが、袖から覗いていなければならない。スーツ・スタイルに分厚い時計は禁物である。袖口が膨らみだらしなく見える。もっとも野暮な組み合わせは、スーツとダイバーズ・ウォッチだ。

腕時計にはそれぞれの目的がある。スーツ・スタイルには必ずドレッシーな腕時計を用いる。ドレッシーな腕時計とは、不必要なモノを削ぎ落としたデザインが施されていなければならない。それが腕時計のひとつの理想の形だからである。

奇を衒《てら》った時計は論外だ。丸か角のフォルムの中に、ベゼルとダイヤル、針とインデックスだけを、エレガントに組み合わせた時計である。ただそれだけでいい。一九五〇年代の腕時計は、大半がそうだった。シンプルなゴールドの丸や角の表面に二針、あるいは繊細なスモール・セコンドを含めた三針が、どれほど美しく上品な印象を人に与えるかは、残された当時の腕時計を見れば一目瞭然である。

ミニッツ・リピーター、スプリット・セコンド・クロノグラフ、パーペチュアル・カレンダー、パワー・リザーブ、ムーンフェイズ、イクエーション、永久カレンダーなどの機能は、コレクターズ・アイテムとしてはともかく、一般の生活のなかではほとんど無用の長物である。特殊な職業を除いて、人はそれほど正確な時間などは必要としていない。必要だと勝手に思いこんでいるだけだ。

このところまた文字盤が賑々《にぎにぎ》しく、ややこしい機能が付加された時計が騒がれている。コマーシャリズムは、高価なモノほど大衆を煽《あお》りたてる。ややこしい機能は価格を釣り上げるための便法と心得る。その時計に自分が何を期待しているのかを考え、冷静に選択することだ。私の経験から云えば、二〇個時計を持っていても、常用するのはせいぜい三個どまりだ。

ゴールドの小ぶりなシンプルな時計に、クロコダイルの渋いベルトを合わせ、クラシックなスーツの袖口からさりげなく覗かせる。それがダンディズムというものである。

第六話　鞄

鞣《なめ》し

鞄を服装に合わせ、ダンディズムを表現するのはなかなかむずかしい。鞄は、持ち主のセンスがそのまま表れるものだからだ。店頭にディスプレイされている鞄は、まだ半製品である。持ち主がメンテナンスを怠らず使いこなし、三〜四年を経て本物になり得る。本物になるまで時間がかかる理由は、鞄を作る初期の段階で鞣しという工程が入るからだ。

鞣しは革の腐敗を防ぎ、柔軟性と耐熱性を向上させるテクニックだ。平たく云えば、動物の皮膚機能を効率良く再現するために行われる。一度死んだ皮を革として甦らせ、それを持ち主が時間をかけて用い、動物が本来具えていた機能を活性化させる。そこで初めて、鞄は半製品ではなく本物になる。

鞣しの工程は複雑だ。剥《は》いだ原皮をまず水洗いする。その後、鞣し作業の前に、裏打ち、脱毛、垢出し、石灰漬け、浸酸《しんさん》という工程を踏む。次にクローム鞣しが行われる。鞣し剤（塩基性硫酸クローム塩）を、皮のコラーゲン機能と結合させるのだ。コラーゲンとは、動物の皮膚や骨に含まれる繊維状の硬タンパク質である。その後で、中和、染色、加脂《かし》、水絞り、乾燥、縁断《ふちだ》ち、銀むき、塗装、アイロン、艶出しをして初めて、皮が革に変身する。

この工程で手抜きがあると、たとえ原皮《げんぴ》が上質でも、鞄は、劣化や色落ちをして、長持ちしない。革が化ける靴もそうだが、すべからく革製品の急所は鞣しに尽きる。

鞄の歴史

鞄は、もともとは袋状の bag である。この言葉は、紀元前一二世紀頃から用いられたとされる。人間の特性は動き回ることで、人は古来から袋状のバッグを、頭に載せ、担ぎ、肩から掛け、手に提げてきた。世界中の人間が、今でもそれをやっている。人が生きていくためには、ライオンや象と違って生きるための身の回り品が必要で、それを収納する容れモノが必要だったからだ。

　こんな面倒なことをやるのは人間だけである。人間と動物の相違は、鞄を持っているかいないかだと云ってもいい。鞄は、人間の移動の産物として誕生したのだ。

　古くは、鞄はギリシャ神話に登場する。ペルセウスがゴルゴンを退治するために携えたバッグだ。ニンフのナイアデスが、ペルセウスに金で飾られたキビシスというバッグを渡した。ゴルゴンは髪の毛が蛇の魔物だ。その目で睨《にら》まれたものは、石になったと伝えられる。睨まれないように、ペルセウスはゴルゴンの生首を収納するための鞄を携《たずさ》えていった。ニンフはnymphで、川や泉、山や樹木の精だ。美しく若い女で、歌と踊りを好んだ。

　現代に具体的な形で残された鞄は、紀元前二二〇〇年、エジプト第一一王朝の供物を運ぶ人々の木彫だ。大型鞄のような箱を、頭上に載せて運んでいる。紀元前九〇〇年のアッシリアの有翼神像は、翼をはやした大きな神が左手にケリーバッグに似た小さな四角い鞄を提げている。一九世紀に発掘されたレリーフ（浮き彫り）だ。大英博物館に残されている。ケリーバッグは、ハリウッドからモナコのレーニエ三世に嫁ぎ、王妃になったグレイス・パトリシア・ケリー（一九二九〜八二）のために、エルメス（仏）が特別にデザインしたハンドバッグだ。今ではエルメスの定番になっている。

古代ローマ時代には、革の鞣し職人と、それを鞄に仕立てる革細工師という分業制度が既に確立していた。鞄が早い時代から用いられた理由は、狩猟民族が狩った獲物を入れる、移動民族が身の回り品を収納する、衣服のポケット代わり、の三つだ。前二つは大型のバッグ、ポケットの代用としては、小さなバッグが用いられた。

時代が下った一五世紀半ばには、bag から派生したバッゲイジ（baggage）という言葉が登場する。トランクケースに見られる大型鞄だ。意味は、「手荷物、隊属荷物（軍隊の荷物）」である。軍隊が組織的に構成され、長距離の移動が日常的になったのだろう。

「ニーチェはがっかりし、いらいらする。前には、ローマに腰を据えようかと考えたこともあった。だがそれはやめにした。ローマは彼の気性に合わない。原稿と本の詰まった大型鞄を彼は停車場の一時預けに置いた。一〇四キロ、一枚の受取、これが『彼の精神的財産の全部だ』何たる屈辱ぞ」

（『ニーチェ』ダニエル・アレヴィ著／大野俊一訳／新潮社）

必要な身の回り品を詰め込んで一〇四キロ。バッゲイジとは、元々この類である。

ポケットの方は、一七世紀後半になって、ようやく男の衣服に付属した。婦人服と同様に、初めは接目《はぎめ》や襞《ひだ》を利用して外部からは見えないように工夫された。それ以前の時代は、男も女も必要なモノを腰のベルトにぶら下げた。財布や鍵、文具などを収納する小物入れだ。人の目に晒されるモノは次第に華美になり、実用品から装飾品に化け易い。服飾史の必然である。財布は時代とともに装飾性の強いモノへと変化していく。衣服にポケットが付くと、それ自体の大きさと嵩《かさ》が増しますます華やかになり、ハンドバッグや小型鞄に分化していく。

「ユトリロは黒い服を着て、負い革に紐を通した小さな旅行鞄を肩から吊し、かたわらに画箱、右腕にデッサン用のカルトンを抱え、コルト街の燦然《さんぜん》と光輝く西洋サンザシの垣根の間の野菜農家の重い扉を押して外に出てきた」

（『ユトリロの生涯』J・P・クレスペル著／佐藤昌訳／美術公論社）

小型鞄はこの類だ。フリードリッヒ・ヴィルヘルム・ニーチェ（一八四四〜一九〇〇）も、モーリス・ユトリロ（一八八三〜一九五五）も鞄を携え、生きるために移動を繰り返してきたのだ。カルトンはcartonで、油絵の下絵を描く厚手のボール紙である。サンザシは山査子だ。中国原産のバラ科の落葉低木で、花は白、実は黄色または赤に熟す。薬用として知られる。

日本語の鞄の語源は、中国語の夾板《きゃばん》（荷物を挟む板）、オランダ語のkabas（手提げ籠）、日本語の革盤のいずれかが訛《なま》ったとされる。夾板説が有力だそうだが、私は鞄について述べるときkabas説をとっている。さしたる根拠はないのだが、カバンという西洋的語感と、鉄砲と洋服の伝来に始まった南蛮貿易の流れで、ただそう推測しているだけだ。東インド会社（名前はインドだが、オランダの貿易会社）で貿易に従事していた英国人技術者、ウィリアム・アダムズ（一五六四〜一六二〇）を乗せた、オランダ船「リーフデ号」が、豊後《ぶんご》に漂着したのは慶長五（一六〇〇）年である。

その八年後に、再度オランダ船が日本を訪れ国交が開始された。遠路からの人の出入りには、長持《ながもち》や行李《こうり》のような箱物のほかに、身の回りのモノを詰め込む鞄の類が必須だったろう。

ウィリアム・アダムズは、三浦按針《みうらあんじん》だ。後に徳川家康の、今で云う顧問のような役職を得、洋式帆船の建造などを指導した。三浦の姓は、家康から神奈川県の三浦郡に領地を与えられたことに因《よ》る。

日本での鞄の起源は、大型は移動用の行李だ。江戸時代の百科事典『和漢三才図会』（平凡社東洋文庫）に、

「行李とは遠行のとき必ず持っていく行嚢《ぎょうのう》である。また、人が旅に行こうとするとき、先ず衣装を収めるものを行李という。思うに荷物一個を一行李というのはこれに拠《よ》る」

とある。

小型鞄の起源は、燧嚢《すいのう》（火打ち石を入れる袋）だ。これも腰に下げる。後に金銭や印章入れる胴乱《どうらん》に進化した。

『日本風俗史事典』（日本風俗史学会編）は、胴乱を次のように記している。

「男子の装身具で腰下げ物の一種。長方形の箱型をしたもので、最初は幕末に銃隊調練が行われた際に鉄砲の弾丸入れとして用いられたのに始まる。胴乱の材料は革製品であったが、後に羅紗《らしゃ》・織物でつくられた。明治初期に革製の手提物が行われるようになって、これを手提鞄とは言わずに手胴乱と称《とな》えた」

文明開花により、西洋の鞄が日本に上陸すると、それを模倣して何でもかでも詰め込める大胴乱、肩掛け胴乱などが次々と誕生し、流行した。

鞄が胴乱に取って代わったのは、明治一〇年に開催された第一回内国勧業博覧会の翌年だとされる。明治一四年の新聞（新聞名は不詳）に、

「太政官員《だじょうかんいん》の特製鞄、四角なる皮籠を黒塗にして、金字に大きく太政官と書せたれば、恰《あたか》も似たり千金丹の薬籠《やくろう》に」

とある。

鞄とカバン

鞄は、もともと「革盤」という文字が当てられた。明治二年に、大阪の唐物町で舶来鞄に似せて和製鞄が作られたときに「革盤」という文字が、その後に「革包」になった。現在の鞄という文字は、明治天皇が銀座の鞄店の看板に記された「革包」という文字を何と読むのかと侍従に質《ただ》し、侍従が調べた結果、革と包みの間がくっつき過ぎて「鞄」に見え、以降「鞄」になったという逸話が残る。

「出立の日には朝から来て、色々世話をやいた。来る途中小間物屋で買って来た歯磨と楊子《ようじ》と手拭いをズックの革鞄に入れてくれた。そんな物はいらないと云っても中々承知しない」

夏目漱石（一八六七〜一九一六）が、明治三九（一九〇六）年に著した『坊っちゃん』の一節だ（抜粋は新潮文庫より）。

革包でもなく鞄でもなく、カバンに「革鞄」という文字を当てている。鞄は、革でなければならぬという漱石の明快な主張である。麻素材を平織りにした（革ならず）ズックの革鞄についてはいささかの説明を要する。明治も終わり頃になると、鞄が大流行し、大割れ（中央から大きく割れる、スーツケースやアタッシェ型）、手提丸型鞄、携帯鞄、服入れ鞄（スーツケース）、畳み鞄、学生鞄などが巷《ちまた》に出回った。そのなかにあって、楊子や歯磨、手拭いを収納するものとして、ズック・カバンが選ばれたのであって、ズック、イコール革鞄を意味しない。

漱石の云うように、鞄は革が基本である。最近は人工素材や布、革と人工素材のコンビネーションなど軽量化を目的に、さまざまな鞄が出回っているが、私は革素材以外の鞄は鞄でないと思っている。なぜならダンディズムを主張しなければならない鞄は、鞄素材の起源である革以外には考えられないからだ。革で包むから鞄になる。ゴム底を張りつけた妙な靴のように、軽量化や中仕切りなど機能を重視した鞄は、鞄でなくカバンである。

キズや汚れを気にしてはならない

上質な鞄の最大の条件は、冒頭で述べた通り丁寧な鞣しである。鞣しの良い革は、表面がつるつるして、さながらアンティークの家具のような趣がある。手のひらで撫《な》でながら確かめる。

次に鞄の柔らかそうな部分を、これも手のひらで強く何度か握ってみる。ボストンでいえばマチの下周辺だ。一枚革で構成された鞄はそのまま握り、内張りにスウェードや布を配した鞄は、内側素材と表側素材を離して握る。よく鞣された革はキュッキュッと音をたてる。初めは音が出ない革でも、使いこなしていくうちに、革がこなれ音をたてるようになる。履き慣れた靴が、キュッキュッと音を発するのと同じ現象だ。

鞣しを確認した後で、縫製を改める。上質な鞄は、職人の手仕事で作られていなければならない。手仕事で作られたモノは、すべからく人の体に馴染み易く、使い勝手に通ずるからだ。使い勝手は、人とモノのスタンスを他人に知らしめ、鞄と人をダンディに見せる。手仕事で作られた鞄を見分けるためには、革の縫い目を改める。縫い目は、おおざっぱに、ピッチが細かく一律のモノはミシン縫いで、ピッチがやや粗く一律でないモノは手仕事が施されている。

ただし、ミシン縫いの場合、薄い部分の合わせ目のピッチが粗くなり、マチと底のような厚い部分は自然とピッチが細かくなるので、外見のピッチの具合だけでは判別しにくい面もある。縫製部分は、裏うちや革すきといった、目に見えない職人の手仕事がもっとも表れやすいので、購入する以前にたくさんの鞄を見て目を慣らすことは大切である。

そのほかに留意すべきは、金具だ。選別法はふたつある。ひとつは、デザインが優れていることだ。金具のデザインが良ければ、鞄自体も革質とデザインが優れたものが多い。開閉部の金具、鞄と把手《とって》を繋いだ金具、革を傷めぬよう底に取り付けられた金具すべてを改める。ブランドによっては、開閉部の金具に比し、底の金具の質を落とし、価格に反映させているものもあるので必ずひっくり返して改める。

上質な鞄の最大の条件は軽しである。写真は東京・千住の大《おお》峡《ば》製鞄《せいほう》のダレス・バッグ（筆者蔵）

ふたつめは、開閉部の留め具の音を聞く。鞄がまったく判らない人でも、すぐに聞き分けることができる。堅牢な鞄に堅牢な留め具は、優れた鞄の絶対的条件で、堅牢な留め具は、開ける際にカチッというメリハリの効いた音を出す。安価な留め具は、グシャッと潰れたような音を発する。

機能は、最後の選択肢にする。機能は目的があって初めて体《てい》をなすからだ。鞄の目的はせいぜい身の回りの必需品の収納で、必需品はビジネスの場合は、ビジネスのための小物、旅の場合は衣類と雑用品が主体となる。ゴルフやテニスのような目的の鮮明なものはそれ専用の鞄が用意されている。仕切りやポケットなどを気にすると、上質な鞄を見失う。内部の整理は、それぞれが使いやすいよう工夫すれば済むことだ。

ダンディズムを標榜《ひょうぼう》するならば、鞄は、いい加減な価格で妥協してはならない。上質な鞄は高くて当然なのだ。牛なり豚なりの生皮を剥ぎ、面倒な工程を踏みながら鞣し職人の丁寧な手が入り、作り職人の細かな手が入れば価格はどんどん上昇する。

どんなに高価な鞄であっても、キズや汚れを気にする人は、その鞄を持つ資格はない。キズや汚れは革の属性で、キズや汚れが付いた方が、鞄は年期が入り、緻密で重厚に見え

堅牢な鞄には、堅牢な留め具が絶対的条件である。写真は30年近く前のルイ・ヴィトン（仏・筆者蔵）

る。繰り返しになるが、新品の鞄はまだ半製品なのだ。私は、鞄の類は大小七〇個ほど持っているが、古いモノは三〇年以上、新しいモノでも一〇年は経ている。どれも傷だらけだ。

序でに云えば、私は新たな鞄を購入すると、ベランダで一〇日ほど陽に晒し、革を焦がす。鞣しが良い鞄は、変色し、いい色になってくる。鞄によっては、丸ごと水に漬けるときもある。そこに透明なワックスを塗り込む。真新しい革の鞄は、持ち主を軽薄に見せる。革質により方法が異なるので、ここで一概に述べることはできないが、年期を感じさせるためのメンテナンスを自分で工夫することだ。

人工素材の鞄に、スーツ・スタイルは似合わない。革も人間も自然素材だからだ。自然素材には自然素材を合わせる。ぱんぱんに膨らませた人工素材の鞄を持ち、スーツを身につけている人は、野暮の骨頂である。持ち主をプアーに見せる。アルミ素材も同様だ。アルミ素材は基本的には、旅行鞄だ。フォーマル性の高い鞄と、カジュアルな鞄は別物であることをまず知るべきである。スーツ・スタイルに携える鞄は、アタッシェやダレスバッグのような革の角型が基本になる。スーツのプロポーションも角型だからだ。セーターやブルゾンには、ボストンのような丸型を合わせる。これは、服装と鞄の基本的関係である。鞄の色は、靴の色と合わせる。茶系の靴には茶系の鞄だ。遠目に引き締まって見える。鞄の中身はできるだけ少なくする。あれもこれも入れると、鞄は知らず知らずのうちに際限もなく膨らんでくる。一仕事を終えたら、必ず鞄の中身を点検し整理する。収納するモノを予め決めておき、それ以外は収納しない癖をつける。ポケットと同じである。六〇年ほど前の「エスクァイア」誌は、鞄をこう定義した。

「必ずしも身につけておく必要がない必需品をポケットの代わりにしまっておけるモノ」

それこそ鞄の役割である。鞄はポケットであり、その中に入れるモノは必需品に限るべきなのだ。

服装と鞄に整合性を持たせ、服と人、鞄と人に整合性を持たせる。ダンディになるための要諦である。

第七話　眼鏡

ふたつの役割

谷崎潤一郎が七〇歳のときに著した『鍵』のなかに、何とも物凄い眼鏡の描写がある。

「一度僕ハ、彼女ガ如何《いか》ナル反応ヲ示スカト思ッテアノ性欲点ヲ接吻シテヤッタガ、誤ッテ眼鏡ヲ彼女ノ腹ノ上ニ落シタ。彼女ハソノ時ハ明ニハットシテ、眼ヲ覚マシタラシク瞬《しばた》イタ。僕モ思ワズハットシテ慌テテ蛍光灯ヲ消シ、一時室内ヲ暗クシタ」

（新潮文庫）

五六歳の夫と四五歳の妻が、互いに相手の目に触れるよう（意図的に）日記を記し、それを交互に登場させるといった斬新な手法で、当時（昭和三一年）大きな反響を呼んだ小説である。「性欲点を接吻しようとして、眼鏡を女の腹の上に落とした」という状況が、男のある種の滑稽さを表すと同時に、男の本能をより鮮烈に焙《あぶ》り出す。

眼鏡がなければ、男の滑稽と本能はそれほど読者には伝わらない。つまりたった一つの眼鏡という小道具が、成熟した中年の男と女が醸《かも》す秘めやかな状況をより濃密に仕立て上げ、更に女の腹の上に眼鏡が落ちた後の、お互いの微妙な反応を、ほんの僅かな描写により、読者の逞しい想像をかき立てている。眼鏡という格好の小道具を、作者が巧みに状況にはめこんだからだ。

一方で、妻は夫の眼鏡について、こんな日記を記す。

「あの遠い昔の新婚旅行の晩、私は寝床に這入《はい》って、彼が眼鏡を外したのを見ると、途端にゾウッと身慄《みぶる》いがしたことを、今も明瞭に思い出す。始終眼鏡を掛けている人が外すと、誰でもちょっと妙な顔になるものだが、夫の顔は急に白っちゃけた、死人の顔のように見えた」

夫は、妻の裸身を秘かに眺めるために眼鏡を掛け、妻は夫の眼鏡なしの顔を死人のような顔と日記に著す。眼鏡のふたつの役割が、この小説の中にまさに書き尽くされている。

役割のひとつは、まず特定のモノを鮮明に眼に焼きつけ、胡乱《うろん》を鮮明にすることだ。夫

は眼鏡を掛け、初めて、

「想像ヲ絶シテイタノハ、全身ノ皮膚ノ純潔サダッタ。大概ナ人間ニハ体ノ何処《どこ》カシラニ一寸《ちよつと》シタ些細《ささい》ナ斑点《はんてん》、――薄紫ヤ黝黒《あおぐろ》等ノシミグライハアルモノダガ、妻ハ体ジュウヲ丹念ニ捜シテモ何処ニモソンナモノハナカッタ」

ことが判る。胡乱から鮮明への転換は眼鏡の原初的役割で、詳しくは後述するが、人は紀元前からエメラルドや水晶を研磨し、何とかモノを鮮やかに見ようと辛苦してきたのだ。

もうひとつの役割は、眼鏡の有無により、人の顔は良くも悪くも大きく変化し、他人に与える印象を違《たが》えるという、いわば眼鏡の属性として真価を発揮する。夫は、眼鏡の原初的役割ばかりを重要視し、属性を重んじなかったために、妻に「白っちゃけた、死人の顔」とまで云わしめる。眼鏡の具えたこのふたつの役割を心得なければ、眼鏡をダンディに掛けることなどは決してできはしない。

逆説的には、役割を知ることに長ずれば、眼鏡でダンディズムを装うことができるということだ。原初的役割は自分だけのため、属性は、お洒落をするという意味では、自分のためでもあるが、他人の印象に頼らなければならないという意味では、他人のためでもある。それこそ眼鏡の正体である。眼鏡は、モノを鮮やかに見ることと、顔のまん中で顔を装うというむずかしい役割を演じなければならないのだ。

眼鏡のお洒落が上手なのは、フランス人とイタリア人だ。彼らは、フレームの色を衣服に合わせダンディズムを表現する。ネイビーブルーのジャケットに赤いフレーム、黄色いセーターにグリーンのフレームの類だ。彼らに比べ、日本の男たちは眼鏡の掛け方が実に下手だ。眼鏡の正体を理解していないためだ。黒縁の眼鏡を掛けている人は、スーツでもカジュアルなスタイルでも黒縁を掛ける。

縁なしも同様だ。縁なし以外の眼鏡を掛けようとしない。頑固に同じ眼鏡を掛けている人は、服装も凝り固まっている。決してファッショナブルな装いを試みない。自分の雰囲気を変えるのが恐いのだ。さもなければ自信がないからだ。眼鏡が、鼻や口のように顔の一部に張りついている。張りついてしまっているから、顔から「眼鏡を外したのを見ると、途端にゾウッと見悚い」される。鼻を外すようなものだ。眼鏡顔などという、眼鏡を掛ける人にとっては、不名誉きわまりない名称もある。

ネロのサングラス

眼鏡の歴史は古い。

「紀元前の古代から、ある種の『石』をレンズとして使っていた証拠は多い。現存する最古のレンズは、紀元前七〇〇年頃の古代ニネヴェ（現在のイラク北方。アッシリアの古都）の遺跡から発見されている。このレンズは直径三・八センチメートル、焦点距離約一一・四センチメートルの研磨された水晶の平凸レンズである。このレンズの使用目的は太陽熱を集めるもので、視力を助けるものではなかった」

（『眼鏡の社会史』白山晰也／ダイヤモンド社）

次いで、史実に何度も登場するのは、ローマ皇帝ネロ（ネロ・クラウディウス・カエサル／在位五四～六八年）だ。剣闘士たちの闘いを、エメラルドのレンズで観戦した。何のために用いたかの解釈は、時代により二転三転したが、現在はサングラス説が有力である。ソフィア・ローレンのような絶世の美女を何人も侍らせ、とろけそうなワインを飲みながら、どこからか略奪してきたエメラルドを通して、血みどろの死闘を観戦していたのだろう。

私は、この話を何かの本で最初に読んだとき、剣闘士たちという言葉から、ネロとコロセウム（ローマの円形闘技場）と結びつけ、それを雑誌に書いたことがあるのだが、最近になって誤りに気付いた。ネロが生きた時代は紀元三七～六八年で、コロセウムの着工は七六年だからだ。皇帝ウェスパシアヌスの時代だ。剣闘士たちの闘う場は、ローマ市内に、ほかに幾つもあったのだろう。

話の序でに云えば、ローマのコロセウムを見下ろすマンションの値段は三～四千万が相場だ。この価格は、ローマの一等地のマンション価格に比肩する。必ずしも交通が至便とはいえず、広い道路を車が絶えまない。イタリア人は、コロセウムに未だにローマ人としての郷愁を覚えているかのようだ。

眼鏡は英語で spectacles である。『英語語源事典』（研究社）によれば、この言葉の初出は、推定一三四〇年で、意味は「美観、壮観、見もの」だ。一三五〇年には、「見世物、さらしもの」という意味が加わる。さらに一三九五年には、シェイクスピアと並び称される英国の作家ジェフリー・チョーサー（一三四三頃～一四〇〇）が、彼の代表作『カンタベリー物語』のなかの第二四話「The Wife of Bath's Prologue and Tale」（バースの女房の物語）で、spectacles を、「眼鏡」として用いている。こんな件だ。

「貧しさは一種の眼鏡である。貧しさを通して真の友人を見る」

一方で、眼鏡は glasses（a pair of／複数形）とも呼ばれる。こちらの方が一般的だ。もともとは「ガラス、ガラス容器」である。言葉の初出は、同辞典によれば、推定一三〇〇年で、意味は「鏡、姿見」だ。次いで一四二〇～二一年に「砂時計」、一五九五年には、シェイクスピアの「リチャード二世」に「眼球」として登場する。

「眼鏡」として物語に著されたのは、これもシェイクスピアの『終わりよければすべてよし』の第五幕第三場だ。

「その胸に、眼の受けた印象があまりに深く刻まれたため、それがいわばだまし眼鏡となりまして（後略）」

（小田島雄志訳／白水社）

という件がある。フランス王に仕える若き伯爵バートラムのセリフだ。この物語は、一六〇三～四年に著された。眼鏡が比喩的に用いられているところから推すと、眼鏡はかなり普及していたのだろう。

人々が太陽熱を集めるためでもなく、サングラスでもなく、怪しげな祈祷師《きとうし》が覗くレンズでもなく、視力補正だけを目的にした眼鏡が、実際にいつの頃から用いられたかは、『眼鏡の文化史』（リチャード・コーソン著／梅田晴夫訳／八坂書房）に判りやすい記述がある。


「このような考え方を一層はっきりさせたのは、サンドロ・ディ・ポポゾで彼は一二八九年版の『家庭経営論』という手稿のなかで次のように書いている。『私は年をとってはなはだ視力が衰えたので、眼鏡と称するガラスなしにはもはや読むことも書くこともできなくなってしまった。その眼鏡なるものは最近発明されたもので、視力の衰えたあわれな老人にとってはまさしく恩寵《おんちよう》であるといえる』」


一二八九年の「最近」だ。それが眼鏡の実用の始まりである。

日本では、眼鏡は、古くは「靉靆《あいたい》」と呼ばれた。靉靆とは、

「気持ちや表情などの晴れ晴れしないさま。陰気なさま」

（『大辞泉』）

だ。だが、『大言海』によれば、

「雲、日ヲ掩ヒテ薄暗キ貌ニ云フ語（中略）。コレヲ眼鏡ニ云フハ、唯、目ヲ掩フ意ナルカ、反語ナルカ」

と、靉靆が逆説的に用いられていることを示唆している。

江戸時代の百科事典『和漢三才図会』には、

「靉靆は西域の満利国からもたらされたものである。大銭に似た形をしており、色は雲母《きらら》のようである。老人の視力が衰えて細かい文字が読めないとき、これで眼を掩えば、精神は散さず、文字の筆画は大きくはっきりする。思うに、靉靆とは眼鏡のことである。水精（晶）を片に切り、金剛屑でこれを磨琢《みがく》してつくる」

（寺島良安著／平凡社）

とある。

家康の鼻眼鏡

現存する日本最古の眼鏡は、第一二代第将軍足利義晴（一五一一〜五〇）所持の象牙の

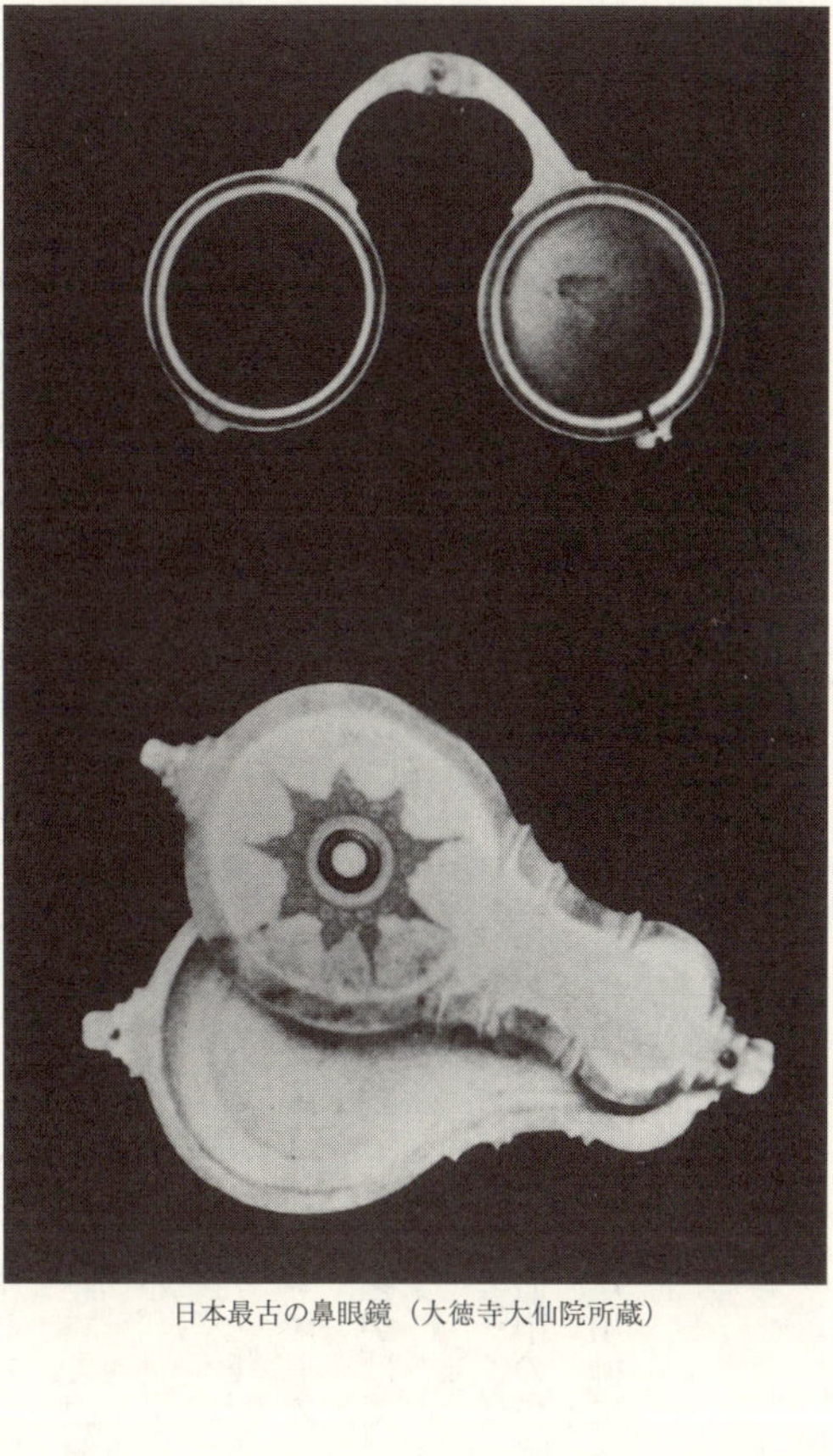

日本最古の鼻眼鏡（大徳寺大仙院所蔵）

フレームを具えた鼻眼鏡だ。京都の大徳寺に残され、もともとは八代将軍義政の愛用品だったと伝えられる。義政が生きた時代は、永亨八〜延徳二（一四三六〜九〇）年だ。眼鏡を使用したのは晩年だろうことから推せばチョーサーが「バースの女房の物語」で眼鏡を著してから、一世紀も経ないうちに、日本でも眼鏡を使用していたことになる。

一六世紀後半から西洋との通商が開始されると、眼鏡は献上品としてたびたび日本に持ち込まれる。なかで織田信長（一五三四〜八二）に謁見《えっけん》したポルドガル人のフロイス（イエズス会司祭／一五三二〜九七／六三年来日）の一行のうち何人かが近眼鏡をかけて、バテレンには四つ目があると、人々が驚いたという逸話が残る。

もっとも知られた眼鏡（当時は目器）は久能山東照宮に残る、徳川家康の鼈甲《べっこう》の鼻眼鏡だ。それより時代が下ると、眼鏡は特権階級だけでなく一般的に普及し、江戸川柳にもしばしば詠まれるようになる。

嫁の顔目がねのそとでジロリと見　（江戸川柳）

こんなものもある。

家康の鼻眼鏡（久能山東照宮所蔵）

目はめがね歯は入歯にてまにあへど
（江戸川柳）

市中には、眼鏡を詰めた箱を背負った眼鏡売りも徘徊するようになる。新品を売る、新品と中古を取り替える、古い眼鏡を修理する商いだ。

目薬の心得もある目がね売り
（江戸川柳）

二八年の歳月をかけて『南総里見八犬伝』を著した江戸の戯作者、曲亭馬琴《きょくていばきん》（一七六七〜一八四八）は、若いときから目を酷使したため、眼鏡を何度も誂《あつら》えた。値段は金一両二分だったとされる。これは（同時代の）江戸の娼妓《しょうぎ》の最高位「太夫《たゆう》」の揚げ（代）に等しい。馬琴クラスであれば、そこらの目がね売りなどでなく、大名御用達の高級眼鏡店で誂えたろう。一両は、およそ四万円に相当すると何かの本で読んだことがある。

昔、私が通った向島では、飲んで食って、〝お二階〟（第九話参照）に上がって八〜一〇万が相場だった。揚げはおよそ半分だ。江戸時代と似たようなものである。代金は、向島では請求書が送られ、江戸の遊廓は帰りしなの現金払いだ。なければ付馬《つきうま》（用心棒のような若い衆）が家までのこのこ付いてくる。遊興費を払わない客もいたので、後に前払いとなった。高級な眼鏡と遊びは、昔から高くつく。

序でに云えば「太夫」の次のランクの「格子《こうし》」の揚げは金一両、次いで「散茶《さんちゃ》」は金三分だ。娼妓は「花魁」とも呼ばれる。「太夫」の世話をする娼妓の卵の「禿《かむろ》」や「新造《しんぞ》」が、「おらがところの太夫、おいらの太夫」と呼んだところから、「おいらん」になったという説が強い。

顔の形別ふさわしい眼鏡

眼鏡の属性としての究極の目的は、（自分を）知的に見せる、（他人に）落ちつきを感じさせる、のふたつだ。このふたつを体現しながら、それをダンディズムに繋げるためには、まず眼鏡に先んじ自分の顔のカタチを知る必要がある。

その次に、顔と眼鏡の関係を把握する。顔と眼鏡の関係とは、自分に似合う眼鏡のカタチを知ることだ。眼鏡のフレームの色は、メーキャップ効果に結び付くという認識も忘れてはならない。

大ざっぱには、人の顔は、
一・長くてふっくらとした顔
二・長くてほっそりした顔
三・短くてふっくらとした顔
四・短くてほっそりした顔
に大別できる。

眼鏡メーカーの受け売りに、いささかの私の解釈を加えれば次のようになる。

一の顔を持つ人は、眼鏡の天地（上下）が長く、トップラインが直線的なものが似合う。トップラインとは、眼鏡の上辺だ。このタイプの顔の人が、円みを帯びた鼈甲《べっこう》などを掛けると、新興宗教の教祖のような印象を醸す。総じてふっくらとした顔は、眼鏡が似合いそうな雰囲気はあるのだが、実のところ似合っていない人が多い。フレームは鮮やかな色が良い。眼鏡顔になりやすいので、何本かの眼鏡を用意し、状況に応じ掛け替える。

二の顔を具えた人は、天地が深めで、円みのあるソフトなフレームを選ぶ。面長は、基本的には眼鏡と相性がいいのだが、あまり相性が良すぎると、眼鏡の印象ばかりが強くな

顔と眼鏡の関係

長くてふっくらした顔型
(一)

長くてほっそりした顔型
(二)

短くてふっくらした顔型
(三)

短くてほっそりした顔型
(四)

り、個性を主張しにくくなる。とりわけ鋭角的な眼鏡には気をつける。鋭くなりがちだからだ。過剰な鋭さは、相手に威圧感を与え下品に繋がる。顎の尖った人は、フレームの下側が円味を帯びた眼鏡が似合う。鮮やかなフレームより、やや沈んだ色が良い。

三の顔を持つ人は、天地が狭く、直線的でシャープな眼鏡が適している。この手の顔を持つ人が、円い眼鏡を掛けると、ぬらぬらとした妙な印象を他人に与えるので気をつけなければならない。フレームは、あまり目立たない方が良い。

四の顔を具えた人は、ソフトなラインのフレームが適している。縁なし眼鏡が似合う唯一のタイプだ。フレームの色は、すっきりした淡い色か、逆に原色も服装によっては似合う。

眼鏡はアイウェアである

上質な眼鏡の条件は次の通りだ。

一．下を向いてもズレが少ない。

二．フレームがしっかりしている。

三．耳当たりが快適。
四．長時間掛けていても、うっとうしくならない。
五．適度の重量を具えている。レンズを含み三〇グラム前後が適当だ。
六．鼻に跡がつかない。
七．つるの先が、髪に引っ掛からない。
八．エンドピース（爪部分。レンズを被うフレームと、つる部分の接点）が緩まない。
九．錆びずに変色しない。
一〇．長期にわたり、フレームが型崩れしない。
一一．上品なデザインが施されている。
一二．細部の仕上がりが優れている。

眼鏡を鬖鬉や目器と考えるから、原初的役割を想起する。ダンディに装いたければ、眼鏡ではなく、アイウェアと考える。ネクタイと同じだ。

私は、一五個ほどの老眼鏡ならずリーディング・グラスを、服の色に合わせ使い分けている。ノルウェイのマルコポーロ製が多い。一本五万見当で七五万だ。それだけで自分の雰囲気を出せるなら安いものだ。一〇〇万を超えるオーバーコートもあるご時世である。アイウェアは毎日使用する。オーバーコートは冬場だけだ。一般的には五〜六本の色違いのアイウェアを持っていれば、十二分にお洒落が楽しめる。

「彼の眼鏡を外した顔を、ついウッカリして見てしまった。私はいつも眼瞼《まぶた》に接吻を与える時は、自分も眼をつぶるようにしているのだが、昨夜は途中で眼を開けてしまった。あのアルミニュームのような皮膚が、キネマスコープで大映しにして見るように巨大に私の眼の前に立ち塞がった。私はゾオッと身慄いをした」

（谷崎潤一郎著『鍵』新潮文庫）

眼鏡の原初的役割ばかりを重んじ、属性の真価に無頓着の人は、くれぐれもご用心を。

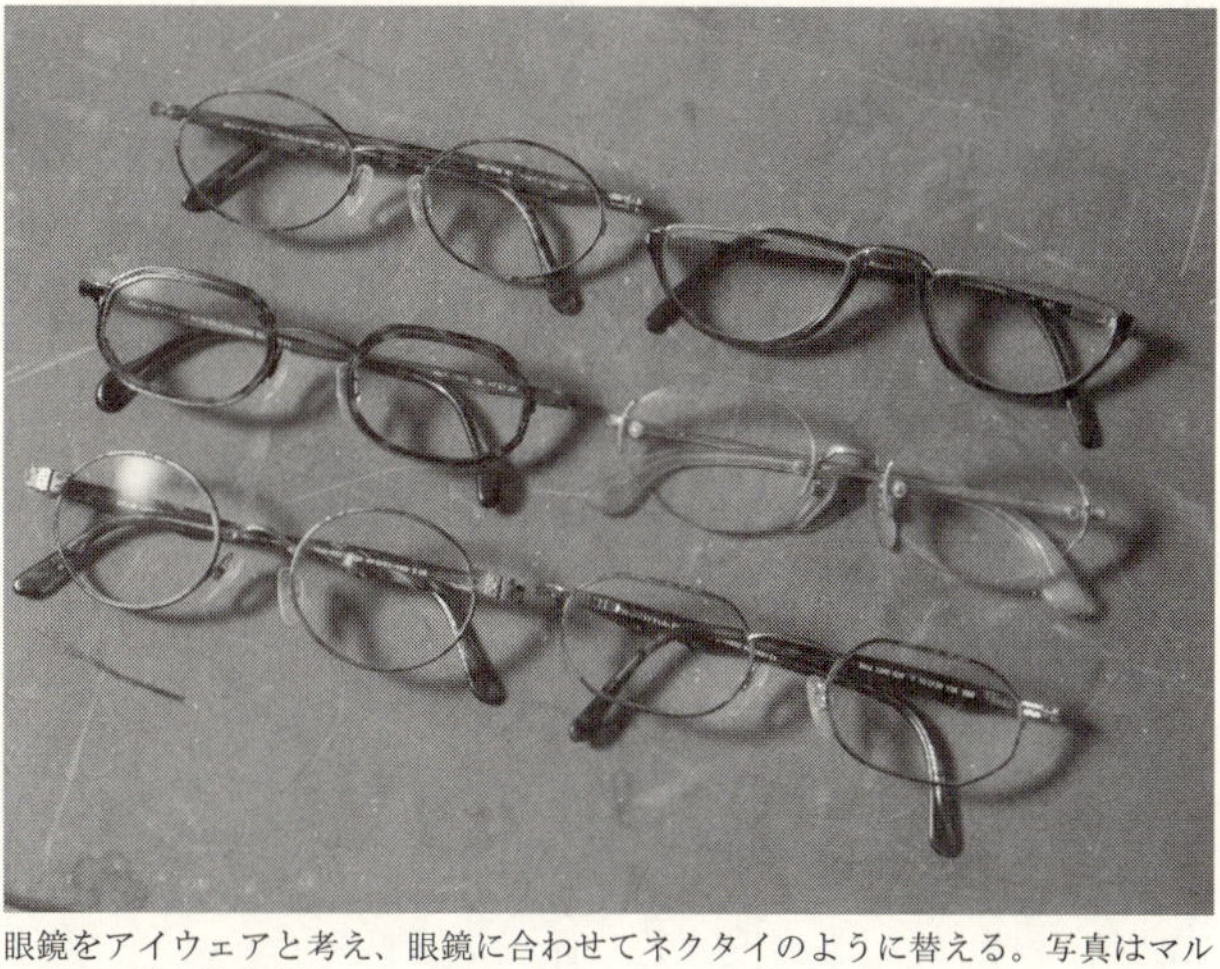

眼鏡をアイウェアと考え、眼鏡に合わせてネクタイのように替える。写真はマルコポーロ他（筆者蔵）

第八話　名刺と肩書き

名刺の持つ双方向性

名刺は、常識的には辞書の解釈通り「小形の紙に氏名・住所・身分などを印刷したもの」（『岩波国語辞典』）だ。氏名、住所は誰にでも判る。だが身分とは何だろう。念のために同じ辞書を引くと「その人がその社会や団体の中で身を置く地位」とある。そこに名刺の曖昧さがある。広域社会における自分の身分と、団体に所属する自分の身分という双方向性を具えているからだ。

例えば、A社という団体で部長を務める人は、A社、部長、名前、電話番号を小形な紙に印刷すれば名刺になる。だがその人が、例えば自宅で陶芸教室などを開き、サイドビジネスを展開する場合には、団体である会社とは関係のない名刺を作る必要が出てくる。通常であれば、陶芸家（という肩書き）、名前、自宅住所、電話番号を入れるだろう。団体の名刺との共通点は名前だけだ。

広域社会に於ける名刺は、団体の名刺と異なり、個人の意思で誰でも作れるものであり、肩書きも自由だ。簡単に詐称もできる。そこに、また名刺の不透明さがある。詐欺師が少しばかり身なりのいい格好をして、例えば「東京物産株式会社　取締役営業統括本部長全国物産推進委員会理事　遠藤喜八郎」などと刷った名刺を出せば、人によっては簡単に瞞《だま》されてしまうだろう。

水商売では、源氏名《げんじな》をわざわざ男の名前にして、客が名刺を持ち帰りやすいようにする。例えば「ブリオ」という店に「純子」という源氏名を持つ女がいるとする。名刺には「有限会社　光文商事　森岡純一」と刷る。光文商事は、「ブリオ」を経営する母体だから詐称にはならない。森岡は、女の実の名字である。風俗系がよくやる手だ。そこにも名刺の不可解さがある。

序でながら、名字は古くは苗字で、同じ血統を持つ一族が発生した地域を苗《なえ》にたとえ、その文字が当てられた。イタリアのヴィンチ村のレオナルド（レオナルド・ダ・ヴィンチ）と同じようなものだ。江戸時代の百姓や町人は、特別の許可がない限り苗字は名乗れなかった。平民が苗字を許可されたのは明治三年九月一九日に「自今、平民苗字差し許され候こと」という布告が出た後だ。兵役と徴税のためである。

新しい名刺

私は新聞社を辞め、団体に所属する名刺を失ったとき、肩書きを何にするかを真剣に考えた。生業《なりわい》は、書くことからして、考えられるのはライター、ジャーナリスト、文筆業、著述業だ。ライターは、英語では作家だ。アーネスト・ヘミングウェイもライターである。恐れ多くてとてもそんな肩書きは使用できない。

単なるジャーナリストでは、何となく胡散《うさん》臭い。政治ゴロをも連想させる。スポーツ・ジャーナリストのようにジャンルが決まっていればいいが、何を書くかも判らないうちに、いい加減な肩書きを用いる訳にもいかない。文筆家、著述家も書家のようで恐れ多い。考えた末に「雑文業」という肩書きにした。これならぴったりだ。仕事があれば何でも書くつもりだったからだ。自称の職業証明としてはもってこいだと思った。

ところが、出版社を訪れる度に、「雑文業」って何だ。何を書いているのだと聞かれる。「ええ、マァ。注文があれば何でも」などと煮えきらぬ返事をしているうちに、説明するのがばかばかしくなり、肩書きを名刺から外してしまった。外したはいいが、今度は、初対面の人に職業は何だと必ず聞かれる。西洋人は、名刺に肩書きなど入れずとも別段詮索などはしない。個を重んじるからだ。日本人はその点、相手が社会で何をしている人なのか、どんな団体に所属しているのかを知りたがる傾向が強い。苗字からの伝統で、グループ性を重んじるためだろう。

仕事が増えて、編集全般に及びはじめたとき「エディトリアル・ディレクター」という肩書きを用いた。カタカナを用いるのは、本来は嫌いなのだが、日本語で「編集指揮者」などとする訳にもいかない。モノを書き編集をもするので、これは詐称ではない。法人を作る羽目になったときも「雑文」という言葉を引っ張り出し「雑文社」にしようと思ったのだが、小うるさいクライアントが口を出してきたので、「工房」という名を考えた。何かを作っている感じが好ましかったからだ。

だが「株式会社　工房」だけでは、いかにも収まりが悪い。民芸家具屋のようでもある。

自分の名をもじり、工房の上に被せたかったのだが、語呂が悪くどうしても合わず、窮余の策で、カミさんの名をもじり「のん工房」にした。肩書きの方は、面倒なので「エディトリアル・ディレクター」をそのまま使用していたのだが、今度は取引銀行から代表取締役を入れた方がいいと忠告され、不本意ながら従った。世間はいろいろ面倒なものである。

「株式会社のん工房　代表取締役　エディトリアル・ディレクター　落合正勝」などと仰々しく印刷された名刺を人様に手渡す度に、株式会社の社長で、ディレクターか、何だか妙な具合になってきたなと思った。自分が違う人間に変身し、新たな人生を歩み始めたような心持ちだ。同じ団体の名刺を長年使っている人には、この妙な気分は判らないだろう。団体から外れ、あるいは外され、まったく新たな名刺を作ったとき、自分が他人になったような気分になるのも名刺の不可思議さである。名刺一枚によって、人は気分まで左右される。

つけ加えるなら「株式会社のん工房」を解散し、三年後に二つ目の会社「落合組」を作ったときは、判りやすいように「有限会社　落合組　代表落合正勝」という名刺を使った。だが銀行で名を呼ばれる度に、周囲の人たちにじろじろ見られ往生した。組は、本来、江戸時代の村単位のグループだ。その事務を司《つかさど》る人が、組頭ないし組長で、れっきとした役職である。現代に於ける組長という呼称は、どうしてもその筋の人たちの長を連想させるらしい。

名刺は人生と同じ……

肩書きはむずかしい。私は、雑誌の連載で「服飾評論家」なる珍妙な肩書きをしばしば冠せられる。だが自由の裁量度がきわめて広い装いに、評論家など無用であるというのが本音で、そんなビジネスが、果たして世の中に必要なものなのかどうかも実のところ疑っている。何やら面妖《めんよう》な感じもする。

第一、私が述べている分野は、メンズファッションのドレスコードという極めて狭い分野だ。女性のファッションなど私には皆目判らない。評論家とは評を論ずる人で、服飾を論ずるためには、歴史、テキスタイル、デザインに精通していなければならない。それが評論家などとはいかにもおこがましい。

公式な職業欄に、なるべく具体的になどと添え書きがあると、これも困ってしまう。

「服飾評論家」などとは気恥ずかしくて記せるものではない。人に質されれば、「著述業です」などと応えるのだが、必ずどんなモノを書いているのかという話になる。自分では相変わらず雑文書きだと思っているので、名刺にはいっさいそんな肩書きを用いない。

ただ西洋人に名刺を渡す機会が多いので、英文の肩書きにはジャーナリストと記してある。最近は、メンズ・ファッション・コメンテーターという肩書きを使うときもある。これは、イタリアで賞をもらったとき、フィレンツェの新聞が、私の職業をジャーナリスト&メンズ・ファッション・コメンテーターであると紹介したからだ。

評論家は、その道のオピニオン・リーダーたる使命があるのだから、本来なら学校の教師のような資格が必要だとも思うのだが、日本はとにかく評論家が多い。『大言海』によれば、評論家の「家」は「技芸のその道なる人をいう語」で、もともとは美術工芸道に長《た》けた人に用いられた。現代では、法律家、政治家、画家、作家だ。カメラマンもいつの間にか写真家に、イラストレーターも突然画家になる。本を一冊上梓《じょうし》しただけで作家を自認する人間もいる。

新聞記者時代をも含め、ほぼ三五年にわたる私の仕事は書くことで、書くためには取材現場で名刺を交換する必要があり、一時は相当の量が溜ってしまったが、ある時期を境に不必要な名刺はすべて処分した。顔も覚えていない人の名刺など持っていても意味がない。名刺の特質は捨てられることで、ものの三年も同じ名刺を使い続ける人など、自営業を除けばいないのではないか。同じ団体に所属していたとしても、役職や部署が替われば、当然新たな名刺が必要になる。

その意味で、名刺は、現在という時点だけの淡く儚《はかな》い職業証明書のようなもので、そこにも名刺の曖昧さが存在する。「大手銀行頭取」などという肩書きの付いた名刺をもらって大切に保存しても、五年もたてば、当の頭取は、既に名刺の必要のない人間になっているかも知れないのだ。三〇年も四〇年も画家であり続ける人は別だ。しかしながら、生涯画家で生業をたてるような人は、もともと名刺など不要な人生を送っているはずで、たとえ名刺が必要だったとしても、ごく希な場合で、わざわざ作らずとも何の支障もきたさないだろう。絵が職業証明書になるからだ。

大半の人間は、人生の長い道程《みちのり》を移ろい続け、その移ろい続ける折々に名刺が必要になってくる。逆説的には、移ろう人生を送らなければならない人間ほど、私のように名刺を何度も作り変える必要性が生じてくる。名刺などというものは虚しいモノなのである。だから、私は、もう二度と会わないだろうと思うような人間の名刺は次々と捨てる。印象の悪い人間の名刺を破る気分は爽快で痛快だ。私の名刺も破棄されているかも知れないが、それはそれでいいと思っている。名刺は人生と同じで、やがては消滅するものだからだ。

服飾評論家　落合正勝

この四半世紀の名刺の大きな変化は、カタカナの肩書き付きがやたらに多くなったことだ。私もかつてカタカナを使用していたので、人のことは云えないのだが、それにしても目立つ。四年ほど前に、職の斡旋《あっせん》を私に頼んできた知人の息子が、その一年後に私の事務所に現れ、アートディレクターという肩書きのついた立派な名刺を私にくれた。別段彼はデザイナーの学校を出た訳でもない。そこが名刺の恐い部分でもある。新聞や雑誌でもカタカナの肩書きが氾濫《はんらん》している。

カタカナの氾濫について、私は、日本に本当のプロが少なくなってしまったひとつの現象だと思っている。タレントが、自分で書いたのか、ゴーストライターに頼ったのかは知らないが、エッセイめいたことをまとめて上梓する。次に雑誌に登場するときは、エッセイスト・タレントと二つの肩書きが付けられている。essayは、厳密には随筆、小論で、エッセイストはそれを著す人だ。随筆は「心に浮かんだ事、見聞きした事などを筆にまかせて書いた文章。そういう文体の作品」(『岩波国語辞典』)である。身の回りのことを日記風に記した稚拙な文章ではない。talentは「(生まれつきの)才能、天分」(『リーダーズ英和辞典』)だ。テレビの中はタレントだらけだが、それほど天分を具えた人間がいるとも思えない。

カタカナの肩書きは、確かにモダンな感じを他人に与えるが、逆に漢字を使わない分、どこからどこまでを総称するのか判りにくい部分がある。前掲のタレントが、エッセイストでなく、仮にタレント・随筆家という肩書きを付ければ、(辞書の上ではその通りなのだが)世間は奇妙だと思うだろう。随筆家とは、本来は内田百閒や山口瞳のような文章家を指すからだ。そこにカタカナのいい加減さがある。今という時代は、タレントやアナウンサーまでが随筆家で、歌手はアーティストだ。何をか云わんやである。

現代は職業が多くなり過ぎ、それぞれの区分がぼやけてしまっていることと、コマーシヤリズムが肩書きを必要としていることにも原因がある。一昔前に比べ、職業が多くなってしまったという現実は、筋金入りのプロフェッショナルが少なくなったことをも意味する。大衆小説を書いていた人間が立候補し、当選すれば万歳三唱の後に知事になり、タレントが立候補し、当選すれば、これも万歳を六唱くらいして政治家になれる時代だ。行政とは、その道の素人にもできる簡単なものなのかと疑りたくもなる。

アマチュアリズムの蔓延《まんえん》は、プロを減少させ、ますます肩書きを曖昧にする。だが翻《ひるがえ》ってこの現象を考えると、それを容認する媒体と、受け入れる大衆の方にも問題がある。肩書きへの意識に片方はこだわり、片方は薄弱なのだ。

例えば、私が新たな雑誌に寄稿する際、肩書きは服飾評論家でいいかと編集部が必ず質してくる。服飾のことについて書くのだから、その肩書きを使ってくれという、質問ではなく半ば強制である。雑文業としてくれといっても無駄である。文章に相応《ふさわ》しい肩書きが、彼らにとって必要だからだ。読む側は、落合って誰だ、胡散臭い奴だな、フーン服飾評論家か、まぁ読んでみるかなといった程度だろう。何だこ奴は、これでも服飾評論家かなどという投書は、一度ももらったことがない。

名刺を作るのも早くなった。昔は二週間以上かかった。スピード名刺なるものもある。職業の有為転変が日常的になったためだろう。それだけ人生が複雑でややこしくなったとも云える。ごく普通の人にとって、名刺と人生は連動しているのだ。

名刺交換の始まりは文化文政時代

『大言海』は、名刺を「古者削リ二竹木ヲ一以テ書ク二姓名ヲ一故ニ曰フレ刺ト後以テレ紙ヲ書キ謂フ二之ヲ名紙ト一」としている。出典は『留青日札』（中国）だ。昔は竹や木を削り、そこに姓名を記したものを「刺」といい、後に紙に記したので「名刺」になったという意味だ。一六世紀のドイツでは、他人の家を訪れ、不在だった場合、自分の名前を紙に書き、ビジィテング（訪問）カードとして置いてくる慣わしがあり、それが名刺に進化したと伝えられる。

日本で名刺が交換され始めたのは文化文政（一八〇四〜三〇）の時代だ。江戸幕府の祐《ゆう》筆《ひっ》だった屋代弘賢《やしろひろかた》の「名刺譜」が知られる。祐筆とは、文書や記録の作成を司る役職で、将軍の代書などを受け持った。「名刺譜」に、和紙の名刺が貼られ残っている。

英文の名刺を初めて用いたのは、木村摂津守だ。『事物起源辞典』（東京堂出版）に、こんな件がある。

「万延元年（一八六〇）正月日米修交通商条約書交換のため、咸臨丸に乗り込んだ軍艦奉行木村摂津守はサンフランシスコでアメリカの歓迎委員から贈られた英文の名刺があり、それにはADMIRAL／KIM-MOO-RAH-SET-TO-NO-CAMI／Japanese Steam Corvette／CANDINMARRUとかかれている」


ADMIRALは、海軍の大将、Steam Corvetteは、正確には平甲板一段砲装の木造帆装蒸気戦艦のことだ。

さらに、

「遣米使節新見豊前守の従者玉蟲左太夫の日記『航米日誌』に、『殊に我国人の名札を好み、白小札を持ち来り、名を書さんことを好むる実に親切なり。止むを得ず一次書せば四方より争ひ来り、暫時百枚に至る』」

とある。

シンプル・イズ・ベスト

ダンディズムと名刺の関係を述べるのを忘れていた。

名刺は人生を体現するものだ。人生はできるだけ自由でシンプルが望ましい。名刺も、シンプルになればなるほどダンディである。肩書きなどは、必要最小限にとどめる。肩書きがあればあるほど、名刺は野暮で怪訝《けげん》になる。

上質な和紙を用い、上品な書体で、文字はできるだけ少なくする。社名、役職、氏名、住所、電話番号、ファックス番号、e-mail、URL、携帯電話番号などをごく狭いスペースにぎちぎちに詰め込んだ名刺は、野暮の骨頂である。それほどまでに個人的情報を他人に知らしめる必要があるのかと疑問も感ずる。人は多少不可解な部分があるほど、他人の目に魅力的に映るものだ。

私は、かつて冗談で、愛猫《あいびょう》に名刺を作ってやったことがある。記した文字は「猫　三太　住所　電話番号」だけだ。できることなら、私も「人間　落合正勝　住所　氏名」と記された名刺を作り、世間を渡りたいと思っている。

Ⅱ　酒と食のダンディズム

第九話　酒

ダンディなイタリア人の飲み方

「お酒飲む人しんから可愛い　のんでくだまきゃなおかわいい」
（古典都々逸《どどいつ》）

男が酒を飲み、どれほど威張ろうが、くだをまこうが、格好をつけようが、成熟した女から見れば、所詮その程度ということか。男からしてみれば、

「酒と女はにくくないかたき役」
（江戸川柳）

「酒はのみとげ浮気をしとげ　墟《まま》に長生きしとげたい」
（古典都々逸）

のだろうが、酔ってしまえば、

「土蛛の身ぶりでなめるこぼれ酒」（江戸川柳）

と、からしき意地汚い。

「ゆうべは大虎着たままごろ寝　ドリンク剤のむ今朝は猫」（現代都々逸／山田邪気）

などというのもある。「だてしゃ」として酒を飲むのは至難の業なのだ。ダンディズムを感ずる酒の飲み方が巧みなのは、気障《きざ》なイタリア人だ。ミラノやローマのホテルのバーで、イタリア人のカップルを眺めていると、実にスマートな飲みっぷりをしている。グラス片手に、女の耳許《みみもと》に男がそっと囁《ささや》き、女が、これもグラス片手に、そこはかとなく男と視線を合わせ、優しく微笑む。女の笑みは、うっとりするほど美しい。盗み見をしている私は「なに囁いたんだ。教えてくれ」と叫びたくもなる。

女が酒を零《こぼ》すと、男がさっとアイリッシュリネンらしきポッシェ（ハンカチーフ）を胸ポケットから取り出し、一言二言また何かを女の耳に囁き、今度は女が大きくのけぞって笑う。男は、ポッシェをなにげなく胸に戻す。ハンカチが、さっきとまったく同じカタチでポケットから覗く。男が女を見て、また微笑む。まさに「だてしゃの行動」である。

日本人の飲み方には、このエレガントさがない。男が女を一生懸命口説いているのが、端《はな》からあからさまに判る。大抵の場合、女は面倒臭そうに相鎚《あいづち》だけを打つ。男はふてくされたようにグラスを重ねる。盗み見をしていても、ちっとも面白くない。イタリアの男たちと比べると、日本の男たちは、酒を仲介に女を口説《くど》く術《すべ》に長けていないように見える。その代わりと云っては何だが、この手の飲み方はうまい。

「行ったぜ花見にそれからどした　のんでつぶれて風邪ひいた」

（古典都々逸）

この場合の飲むは、呑むだろう。飲むは、薬、水、コーヒー、紅茶、上等な酒だ。呑むは、生卵、息、固唾《かたず》、言葉、爪の垢を煎じたモノ、要求、安酒だ。イタリア人はホテルで酒を飲み、日本人は花見に酒を呑む。だが、呑んで潰れたとしても、酒は酔うためにあるのだから、これもひとつのダンディズムと云えなくもない。

酒が口を軽くさせる

歌舞伎の河竹黙阿弥《かわたけもくあみ》の世話物「新皿屋舗月雨暈《しんさらやしきつきのあまがさ》」（通称「魚屋宗五郎」）のなかで、宗五郎は「のんでいうんじゃございませんが……」と、禁酒を解く際にあらかじめ断りを入れる。上手な酒の飲み方だ。酒は酔う。酔いは人の心を解放する。解放されれば、口は自ずと軽くなる。素面では、どうしても「いろは」までしか云えないものも、酔いが回れば「いろはにほへと」、どうかすると「ちりぬるをわか」まで口走ってしまう。口調も、「もそもそ」から「ずばりずばり」に変化する。

口が軽くなるとはいい得て妙で、いつもは喉の辺に引っ掛かっている、幾つかの言葉の重い塊が、アルコールで湿り気を帯びると、ポンポンと気持ちのいいほど飛び出していく。漫画のふきだしのようなものだ。宗五郎は、それを良く知っている。この言葉は、明らかに意図的で「酒後吐真言」（酒を飲んだ後に真言を云う）ことを予知し、あらかじめ相手に断りを入れたのだ。そこに宗五郎のダンディズムがある。翻《ひるがえ》って考えれば、我々の口は、普段はそれだけ重いということなのだろう。

酒がある分量を超すと、どうかすると自分の知識や趣味の蘊蓄《うんちく》を傾ける酒飲みもいる。普段から口の軽い人が多い。傾けることにより、自分が単なる酒飲みではなく、「だてしや」であることを証明したいのだろう。

「ワインの究極はコニャックだね。上等なコニャックは、そう……、いいワインを焼いた味がするんだな。固過ぎず、強過ぎず、繊細で……。飲むときは、葡萄《ぶどう》の味を探りながら、舌で転がしていく……」

などとやられると、聞いている方はたまったものではない。「……」が曲者《くせもの》だ。適当な間《ま》が、いかにも真実のような気がしてくる。この類の人物は、ときとして文学的表現を用いるのだが、具体性に欠けるのが特徴だ。酒の席は、蘊蓄を傾けるためのものでもなく、蘊蓄を聞くためのものでもない。相鎚を打てば蘊蓄が増し、そうかといって聞いたようなふりをしながら黙々と飲めば、ついつい度が進み、酔いも進む。沈黙が長いと、からまれたりもする。

とはいえ、私も生ビールの大ジョッキ二杯も胃袋の内に収めればいささか饒舌《じようぜつ》になり、継いでジェイムスンのダブルをストレートで五杯も飲めば、饒舌のなかに、いささかの法《ほ》螺《ら》と嘘が混じる。三人もいれば、酒席での話は三人三様の体験と経験で、時間が経つにつれ話が枝分かれし、それにたわいのない、それぞれの法螺と嘘が加わり、話は三の二乗、三乗と際限もなく膨らんでいく。「酒使小人物覚得偉大」（酒は小人に自分は偉大と思わせる）と云ったのは中国の作家、老舎《ろうしゃ》（一八九九〜一九六六）である。

普段、口の重い人が蘊蓄を傾け始めると、これは迫力がある。話が、俄然具体的になるからだ。友人の連れの、（私の愛読者だという初対面の）外科医と三人で銀座の蕎麦《そば》屋で飲んでいるときだった。初めのうちは黙々と私たちの話を聞いていた外科医が、そこそこに酒が入ったところで、

「トカゲには、ミズオオトカゲとナイルオオトカゲとテグーがいて、最高級の靴素材はミズオオトカゲで、大きいやつになると、全長二メートルを超して、背中に点状の斑紋がある。腹を裂いて背中の部分を生かしたものをベリーカットタイプ、背中を裂いて、腹を生かしたものをバックカットタイプという」

などと突然やりだした。放っておけば、間違いなく世界中のトカゲが延々と出てきただろう。爬虫類が大好きで、実際に家でトカゲを飼っている人だった。

「お二階」

そもそも酒飲みという人種は、ひたすらに酒が飲みたいという本当の酒好きと、酔うことを目的にしている人の、二通りに分かれる。私は、若い時は前者に属していた。中学二年の頃に酒を覚えたせいか、幾らはしごをしても、あまり酔ったという記憶がない。三〇代の半ばがいちばん強かった。当時珍しかったI・W・ハーパーをダース単位で取り寄せ、（法螺ではなく）ほぼ一か月で飲み干した。自宅と事務所以外でも、週に数回は外で飲んでいたので、相当の量になる。

外に出かけるパターンは、まず向島だ。六時頃一階にある座敷に上がり、芸者衆を相手に飲み始める。頃合いをみはからい、お内儀《かみ》さんが「お二階に上がりますか」と質してくる。二階には、たいていの場合、色鮮やかな布団が敷いてある。お二階の「お」は、お客のための、遊廓のなかの特殊な場で、そのため「お」が付いたとどこかで聞いたことがある。

江戸時代の資料を見ても、遊廓は二階建てが多く、二階の部屋だけを回る「油差し」

（二階の部屋だけを廻り、行灯《あんどん》に油を差す役務）、「二階回し」（二階の雑用を引き受ける役務）などという言葉がある。西部劇でも、一階はバーで、興がのったカウボーイが娼婦の手を引いてお二階に上がっていく。今では、百貨店もレストランも「お二階」と云う。百貨店の中には、二階に特選売場を設けているところもある。一階や三階より、お二階と云われると、確かに特別の場所のような気もする。

飲み終えて、これもいい頃合いに、「お駕籠《かご》が、一〇分ほどで到着いたします」と、昔はさぞかし粋だったろうなというお婆あちゃんが声をかけてくる。お駕籠はハイヤーだ。場所によっては「お供が参りました」とも云う。それに乗って銀座へ向かう。遊び終えているので色気は抜けている。後は、また酒だけだ。馴染みのクラブでばか騒ぎをし、また飲む。店がはねると、女の子たちと六本木のゲイバーへ行く。当時は六本木に事務所と自宅があったので、明け方になってどちらかに戻る。私が、会社を二つも潰した訳である。

飲み方に極意はあるか？

話が逸れたが、四〇代の半ばを過ぎる頃になって、自分が、酔うために酒を飲んでいることに気がついた。ハーパーの水割りがストレートになり、同時にアルコール度の高いウオツカも愛飲し始めたからだ。人生がややこしくなってきたこともある。「一酔解千愁」（酔えば千の愁《うれい》を忘れる）の心持ちだったのかも知れぬ。酔うための酒は、「だてしゃ」の飲み方とは決して云い難いが、酒飲みの屁理屈としては、酒は酔うためにあるのだから正統な呑み方だと云えないこともない。

酔うために、ただひたすらに酒を飲んだのは、テネシー・ウイリアムズの『やけたトタン屋根の上の猫』に登場するブリックだ。ホモの愛人を失い、酒浸りになった。第二幕の、癌に冒された富豪の父親との会話は、酒呑みの私にとってはきわめて興味深い。

「なんだ、そのカチッてのは」

「頭の中で、カチッと音がするんですよ。そいつが聞こえると、あとは、とても、安らかな気分になれるんです」

「何のことを言ってるのか、さっぱり、わしには、分からない。だが、とにかく、おだやかでないぞ、そいつは」

「なあに、機械的なんですよ」

「なにが、機械的なんだ?」

「このカチッというやつですよ。そいつが頭の中で聞こえると、あとは、とても安らかな気分になれるんですが、ね。結局、そこまで飲まなくちゃあいけないんです。実に、機械的で、いわば、そう、いわば」

「いわば」

「スイッチですよ。頭のなかで、カチッと切り替わるんです。焼けただれるような光りがふっと消えて、ひえびえと夜がくる。するといきなり、ありとあらゆるものが、安らぐんです」

(田島博訳/新潮文庫)


ブリックはアルコール依存症という設定だが、この類の飲み方は確かにある。一定の分量を超すと、さまざまな心配ごとが嘘のように消滅する。多分、私もアルコール依存症の気があるのだろう。「泥酔者《なまえい》の中では醒覚者《しらふ》が幅が利かん」と云ったのは文学者の内田魯庵《うちだろあん》だが、酒は早く酔った方が勝ちなのである。

「だてしゃ」の飲み方は気障なイタリア人に任せておけば良い。日本人は、根がマジメ過ぎて気障になりきれない。気障は、人に不快を感じさせるほど気取っていることで、「イヤミナ、シャレモノ」に通ずる。飲み屋ではなく呑み屋で意地汚いまでに呑むだけ呑み、終電車で眠りこけて家に帰るのも、また飲み方の極意だと、私は思っている。

第十話　蕎麦

最初の記述は八世紀

歌舞伎の「天衣粉上野初花《くもにまごううえののはつはな》」（別名「雪暮夜入谷畦道《ゆきのゆうべいりやのあぜみち》」河竹黙阿弥作）に、入谷の蕎麦屋が出てくる。お上から追われる御家人の片岡直次郎と、病を患った遊女三千歳《みちとせ》の哀しい恋物語だ。その昔、一度だけ観たことがある。何やら寒々しい筋書きと蕎麦屋だったが、寒々しさに、冬の蕎麦屋という舞台背景がぴったりとはまっていた。冬、犯罪者、その情婦の病んだ遊女、熱い蕎麦と考えただけで筋書きが想像できる。

後年、山口瞳さんのエッセイを読んで、その芝居が、通称「蕎麦屋」とも呼ばれ、蕎麦屋が、現在の（浅草の）並木の藪《やぶ》だと知った。「藪」の名は、江戸時代の雑司ケ谷発祥とされる。藪の内、藪の下などという俗称があり、それが蕎麦屋の屋号となった。現在は、並木と神田の蔦屋、上野の池乃端《いけのはた》の三大藪が知られる。

「天衣粉上野初花」の時代背景は、幕末の江戸だ。時代としての江戸は、一六〇三～一八六七年である。念のため幕末に近い江戸市中に、蕎麦屋がどのくらいあったかを調べてみると、

「今世、江戸の蕎麦屋、大略毎町一戸あり。不繁盛の地にても四、五町一戸なり（中略）。万延元年（一八六〇）蕎麦高価のことに係り、江戸府内蕎麦店会合す。その個数三千七百六十三店。けだし夜商、俗に云ふよたかそば屋はこれを除く」

（『近世風俗志二』／喜田川守貞著／宇佐美英機校訂／岩波文庫）

とある。

万延元年の「蕎麦高価なり」が幾らだったかは不明だが、それより少し前の文政年間（一八一八～三〇）は一六文だった。落語の「時そば」に出てくる値段だ。元禄三（一六九〇）年は、七文だったという記録も残る。

よたかは夜鷹、ヨタカ目ヨタカ科の、実在の鳥だ。日本では夏鳥とされる。夜鷹蕎麦は、夜だけ出没する屋台の蕎麦屋だ。風鈴をつけて街を回ったことから、風鈴蕎麦売り、夜鳴

き蕎麦とも称された。風鈴は、屋台のラーメン屋の唐人笛（チャルメラ）と同じ発想だ。序でにいえば、夜鷹は、夜間に路上で客を引く私娼をも指す。京都では辻君《つじぎみ》、大坂では嫞《そう》嫁《よめ》と呼ばれた。江戸は四文銭六枚の二四文、関西はもう少し高くなり三二文だったとされる。

独出門前望野田
月明蕎麦花如雪
（独り門前にいで山野を望めば　月明らかにして蕎麦の花雪の如し）

詠んだのは、中国の白居易（白楽天。楽天は字。七七二〜八四六）である。
日本の蕎麦は、中国の雲南省からの伝来、また唐から弘法大師が持ち帰ったとも伝えられる。日本で、初めて「蕎麦」の記述が現れるのは、養老二（七一八）年だ。元正《げんしょう》天皇が飢餓の対策として蕎麦の植えつけを詔《しょう》した。「蕎麦」は漢名そのままで、中国読みでは「チャオマイ」である。当時は、切って食べるのでなく、蕎麦練りや蕎麦がきとして味わった。
その後、朝鮮の僧侶だった天珍が東大寺で蕎麦粉にうどん粉を混ぜ、それを切って食べ

「雪暮夜入谷畦道」の一場面。役者は尾上菊五郎。（協力・松竹株式会社）

ることを教え、現在の蕎麦が定着したと云われる。『慈性日記』（一六一四）には、

「常明寺へ薬樹・東光にもまちの風呂へ入らんとの事にて行候うへ共、人多く候ても
どれ候う、そばきり振舞被申候う」

という記述がある。そばきりは、現在のもり蕎麦だ。

私は、祖父が蕎麦屋に家作を貸していたこともあり、小さいときから蕎麦に馴染んだ。祖父は、夕飯を早々に終え、八時半頃になるとその蕎麦屋から、夜食用に自分と私の食べる蕎麦を出前で取った。私は狸蕎麦が大好きで、一週間に三度ばかり相伴にあずかり、汁まで残さず飲んだ。鎌倉の高校に通っていたときには、八幡宮近くの門前蕎麦屋で、友人六人と食い逃げができるかどうかを賭けて、見事失敗し、学校に通報され停学を食らった。そのとき食べた蕎麦も、狸蕎麦だった。

後年、私が足繁く通った蕎麦屋は、今はもうないが、飯倉片町の「狸穴《まみあな》そば」だ。事務所のすぐ近くだったので、私は午《ひる》になると出向き、小さいが良く手入れされた庭を眺めながら、板わさをつまみにビールを飲んだ。店内は昼でも薄暗く、大きな行灯に灯が点されていた。とりわけ雪の日は、三〇分ほど早くから庭に面した卓に陣取り、いつもより酒を

一本余計に飲んだ。雪に埋もれた灯籠や石畳、水を張っていない猫の額のような池の風景が好きだったからだ。最後に、摺《す》り下ろしたばかりのわさびと、葱《ねぎ》が、こんもり盛り上がった薬味つきのもり蕎麦を二杯食べて、事務所に戻りソファーで昼寝をした。二〇年ほど前のことだ。

蕎麦の持つ吸引力

「彼岸会帰りの此岸のふたり　門前そばやの猪口《ちょこ》といる」

（現代都々逸／小林九里女）

猪口は、蕎麦猪口か、盃か、酒の肴を入れる猪口かは判らない。いずれにせよ、年を経た夫婦が、彼岸と此岸のそれぞれの思いに耽《ふけ》り、蕎麦屋でゆっくりと寛《くつろ》いでいる感じが好ましい。人生の「だてしゃ」ぶりが窺える。蕎麦は、天ぷら蕎麦か。私も、しばしば門前蕎麦屋に立ち寄るが、なぜか天ぷら蕎麦が食べたくなる。

こんな句もある。

「酉の市から戻りの寒さ　蕎麦のおかめで暖まる」

（同／興津露休）

寒いという生理的感覚に対して、熱いおかめ蕎麦を詠んだ。この場合も、蕎麦以外の食べ物は考えられない。酉の市の寒さには、ラーメンやタンメンは似合わない。ふうふうと冷ましながら食べる蕎麦が、肌寒い一一月の酉の市に相応しい。双方の句ともに、いかにも蕎麦を食べ慣れている感じがある。日本人と蕎麦とは、切り離せない関係だからだろう。

蕎麦は、三つの食べ方があると、私は思っている。ひとつは、前二句のような、ついついその場の状況に誘われ蕎麦屋に入ってしまう、いわば「立ち寄り蕎麦」だ。西洋でも、日本料理屋で蕎麦は食える。だがこの雰囲気は味わえない。

ふたつめは、店など選ぶことなく、ただただ蕎麦を流し込む。列車待ちをしながら駅のホームで食う蕎麦がいい例だ。

「そばの荷へ鉦《かね》と太鼓を置て喰い」

（江戸川柳）

鉦や太鼓を打ちならしながら、迷子を探している途中に、蕎麦を食っている。呑気なものだ。

だが翻って考えるなら、それだけ蕎麦は、日本人を魅きつける吸引力があるのだろう。吸引力とは、日本人の元々の蕎麦好みに加えて、醬油や鰹節の匂いだ。マクドナルドでハンバーガーを食おうと思いながら、隣の蕎麦屋の醬油や鰹節の匂いに釣られて、ついつい入ってしまうのも、日本人しか感じ得ない蕎麦の吸引力だろう。云うならば「釣られ蕎麦」だ。都会でも、ビルの中でも田舎でも、ところ構わず鰹節は匂ってくる。それを不快と思う人は少ないだろう。

店の外まで匂う食べ物は、ほかに韓国料理やイタリア料理がある。だが双方ともに、空腹時に腰を据えて食うものだ。蕎麦は短時間のうちに胃に流し込む。蕎麦屋も、それを良く知っているので

「おっと来たなとそば釜のふたを取り」　（江戸川柳）

と待ち構える。商売上手な夜鷹蕎麦屋である。

三つめは、老舗の蕎麦屋を厳選し、酒を飲みながら、じっくりと飲んで、軽く食う。酒が主役か、蕎麦が主役か判然としない「酒蕎麦」である。この類の蕎麦は、酒の肴が付き

物である。

永井荷風は、こう云った。

「同じ食物でも場所が悪いと食う気になれない。物をうまく食うには料理よりか、周囲の道具立ての方が肝腎なのです」

道具立てこそ、「酒蕎麦」を「だてしゃ」風に食うための、蕎麦屋の一大条件である。店に近づくと、ぷうんと上等そうな鰹節が匂う。駅のホームに漂う醤油臭い鰹節に比し、遥かに上品で純度の高い、匂いというより鰹節そのものの香りがする。「釣られ蕎麦」の鰹節の匂いとは、一〇〇円ショップの香水と、シャネルほどの相違がある。

蕎麦屋で飲む酒

店に入れば、待ってましたとばかりに、「いらっしゃいましぃ」と幾つもの威勢の良い声が出迎える。相撲取りが座るような、大きく厚い座布団を敷いた小上がりがある。小さくとも庭がある。きびきびとした、立ち居振舞の良い姐《ねえ》さんたちが、頬の赤い若い女の子たちを仕切っている。卵焼きと焼鳥がある。板わさと海苔がある。浅蜊《あさり》と山葵《わさび》あえがある。

樽の冷酒がある。昼ひなかでも、大半が酒を飲んでいる。道具立ては満点だ。この類の店の客は、たいてい「だてしゃ」ぶりを発揮しながら、悠然と構え、飲み、食う。

日本橋室町の砂場がそうだ。砂場は、江戸時代の（大坂の）新町遊廓付近の俗称だ。その名が関東に伝来したとされるが、なぜ（江戸で）用いられるようになったかは判らない。原稿にきりがついたところで、私は、昼の砂場に赴く。ビールの後で樽酒を飲む。ビールは、大中小ある。中瓶ばかりの店が多いなかで珍しい。肴は、卵焼きと浅蜊だ。樽酒がなくなりかけた時分に、もう一本小さなビールを追加する。最後に、もり蕎麦を食う。

「砂場」は男の客ばかりで、大半が私同様酒を飲んでいる。「狸穴そば」もそうだった。昼ひなか、赤い顔をしてこれからどうするのだろうなどと訝るのは、つまらぬ詮索だ。酒があってこそ蕎麦だから「酒蕎麦」なのだ。昔ながらの蕎麦屋は、そういう粋なお客がいるから、こちらも安心できる。客も道具立てのひとつなのだ。

満席で、誰一人として酒を口にせず、一心に蕎麦を食っているような店は気味が悪い。飯倉片町の後の、私の事務所近くにあった八丁堀の蕎麦屋がそうだった。ビール一本を飲むのも憚《はばか》るような雰囲気があった。ただひたすら大盛りの蕎麦をすすっている。カレーうどんと飯のセット・メニューを食べている。かけ蕎麦と稲荷を食べている。見ているとやるせなくなってくる。

昼の蕎麦屋での酒は、夜のような放吟や放埓《ほうらつ》がない。だからゆっくり腰を落ち着けて飲める。ざわざわでなくさわさわと粋な男たちが喋り、「いらっしゃいましぃ」が合いの手に入り、板わさがうまいから、冷酒の喉越しが良くなる。この類の蕎麦屋で、「だてしゃぶりを発揮したければ、時間を気にせず、ただゆっくりと酒を飲み、蕎麦を食えばよい。酒はどんなに酔いが回っても、一滴も残してはならない。酒の肴がまずい、蕎麦汁が濃いなどと文句をつけてはならない。並木の藪のように、たとえもり蕎麦が一口ほどの分量でも、少ないなどと口走ってはならない。「今日の蕎麦は、固いね」などと「いきちょん」を気取ってもならない。「いきちょん」とは、諸事情には浅く長けるが、耳学問だけの半《はん》可通《かつう》のことだ。江戸の遊里でもっとも嫌われた客だ。

ほかの蕎麦屋の話をしてもならない。黙って店にすべてを任せる。店には代々続くその店だけのしきたりがある。しきたり通り、作法通りに、客に酒と肴と、蕎麦を供す。しきたりも作法も、客あしらいも老舗の蕎麦屋の道具立てなのだ。

夜であれば、銀座の「よし田」に出向く。若い時分は女にもてただろうなと思われる、気《き》っ風《ぷ》の良い親爺さんが仕切り、髪を紫色に染めた粋なお婆ちゃんと、親爺さんの娘さんが勘定場に座っている。いい道具立てだ。些《いささ》かの放吟はあるが、その代わりに季節の肴が山ほどある。どれもうまい。旬の鰹や鮎、ホタルイカなど置いてある店などは、そうざらにはない。蕎麦屋での酒の肴の食し方は、不時不食（時ならざるは食わず）を守ることだ。旬でないものは、口にしない。百貨店の食品売場で売っているようなモノを食べても意味がない。旬の肴は、最後に食う蕎麦の味を必ず引き立ててくれる。

〆《しめ》はもり蕎麦

蕎麦と汁の味は、店によって微妙に異なるが、酒を飲む人は、味について述べるのは野暮である。アルコールで舌が麻痺し、卵焼きや焼鳥を食った後で、確かな味など判るはずがない。

確かな味を自分なりに感じたければ、腹を適度に空かし、酒を抜き、まずそこのもり蕎麦を食ってみる。蕎麦と鰹節の味がよく判る。私は、もり蕎麦こそ、蕎麦のなかの蕎麦だと思っている。汁物は、どうしても具によって蕎麦の味が微妙に変化する。天ぷら蕎麦は、空腹感の強い昼飯どきの蕎麦だ。鴨南蛮や鳥南蛮は、体が脂っこいものを要求しているときの蕎麦だ。

私は、酒を飲むし、それほどの蕎麦通でもない。ただ蕎麦屋に入れば、必ず小一時間は長居する。最後に大抵もり蕎麦を食す。もり蕎麦を食べる時間はせいぜい五分だ。だが、そこまで行き着くための間に、飲んだ酒と食べた肴が、もりの味を引き締める。一杯の究極のもり蕎麦を、できるだけおいしく食べるには、前段に時間をかけることだ。飲み過ぎてもいけない。肴を食いすぎてもいけない。蕎麦屋を出るときは、腹七分目がちょうど快い。そのためには、酒を飲み終え、肴を食い終わった時点で、腹五分目程度と心得る。

初めは、わさびをほんの少々汁に入れて軽くかき混ぜる。次に、葱を、半分だけ汁に放り込む。汁に蕎麦を少しだけつけてゆっくりとすする。蕎麦にしまいこまれた味が、葱とわさびと鰹節によって、じんわりと口中《こうちゅう》に染みてくる。蕎麦がなくなりかけた頃、湯桶《ゆとう》に入れた蕎麦湯と残りの葱を足して啜《すす》る。私の蕎麦の食い方である。一気に蕎麦を啜る「だてしゃ」もいるが、私はできるだけ蕎麦の味を、舌先に残したい方なので、少しずつ食す。

貝原益軒は、『養生訓』のなかで、こう述べている。

「日本人の饌食は、淡くして軽きをよしとす。肥濃甘美の味を多く用ず。包人の術も、味かろきをよしとし、良工とす」

まさに、蕎麦の上手な食べ方に通ずる。

第十一話　鮨

客と職人の微妙な力関係

まずは、私自身の体験談を。

「ユズシオある?」

「ユズシオって何ですか?」

「ほら、あれだよ。アナゴに、タレじゃなくて、ユズとシオかけるやつ」

「ウチではやってません」

ユズシオは、焙《あぶ》ったアナゴに柚と塩をまぶした握りである。柚と塩が鮨屋に置いてないはずはない。高級ないしは高級ぶっている鮨屋にありがちの、意識的な無愛想である。ウチは、アナゴのタレ味に自信がある、そんなものはよそで食えということだ。

無愛想は、鮨屋あるいは返事をした板前にとり、私が好ましからざる（一見の）客という前提からくる。理由は、おそらく私の注文の仕方だろう。光りモノが好きな私は、鮨屋にいくとそればかりを取る。一見でこれをやると大抵嫌われる。どんな鮨屋にせよ、彼らが好きな客は、基本的にはウニやオドリ、大トロやアワビをどんどん注文してくれる客である。

鮨を、粋に食うのはむずかしい。理由は三つある。

ひとつは、カウンターを挟んで、板場と客席が一体になっているためだ。この手の構造は、双方の一挙一動があからさまになり、格別に意識せずとも、板前は客の動向を、客は板前の動向に自然に目が向くというデメリットを備える。食っている最中に、料理人と視線が合うこともままある。客が自然体になりにくいのだ。初めての鮨屋だと、私は板前に監視されているように感ずるときがある。

ふたつめは、板前の目線が常に客より上にあることだ。カウンターのバーの客席は高いので、バーテンと目線が同一になりやすいが、鮨屋のカウンター席は低いので、どうしても立っている板前が客を見下ろしがちになる。なかには板場の床を、なぜか客席の床より高く設《しつら》えた鮨屋もある。板前の目線が上にあるほどに、私は、トロを注文するのでなく、トロをお願いする気分になってくる。主客が転倒しがちなのだ。とりわけ込みあっている鮨屋だと、客は板前の挙動を気にしながら、鮨を注文する傾向が強くなる。

三つ目は、客と板前の間で、鮨を一度頼むごとに対話が生じるため、そこに人間同士の、微妙な心理の綾ないし駆け引きめいたものが発生しやすいことだ。仮に、客が、握りを七艦（艦に似ていることから。貫、缶とも。定説は不詳）注文すれば、板前に七度話しかけなければならず、その際、客が板前の無愛想なり口の利き方に不快を覚えれば、うまい鮨もまずくなり、板前の方にしろ、客の好き嫌いはあるわけで、客が威張りちらしたり、「いきちょん」ぶったりすれば、癪《しやく》にさわるのでマダコだと称して、旬を過ぎたミズダコを客に供する場合も、状況としては十分考えられる。

お運びさんにより、盛り合わされた鮨が一度に運ばれる場合は、客はそれをただ食すだけで、よしんば客が、「このアオリイカ固いね」などと、お運びさんに苦言を呈しても、板前の代理人に過ぎないお運びさんは、「板長に伝えてきます」などと云いつつ、客がそれを食い終わってしまうまで、その席に近づかなければことは済む。

だがカウンターを挟んで、板前に見下ろされていれば、客は、お運びさんに云うようにはなかなか口にできないものだ。逆に、板前に「どうです。その関アジ、脂のっかっててうまいでしょう」などと突っ込まれれば、同意せざるを得ず、そこで「ちっともうまくないね」と応えることができるのは、よほど勇気のある客か、その店を二度と訪れないと決めた客だけだろう。

この類の店で鮨を「だてしゃ」風に食うのは至難の業である。なぜなら、客より先に板前が「だてしゃ」を気取ってしまっているからだ。「だてしゃ」たる自意識は、客に対する優越を感じさせる物云い、ないしは蘊畜という形で表れやすい。その点においても、とりわけ高級な鮨屋は、通常の食べ物屋に比べて、どうしても客の方が弱い立場にあり、新鮮でうまいネタを食おうと欲するなら、行動様式はどうあれ、板前にお願いをして、振舞ってもらうよう努力しなければならなくなる。客が、やや卑屈にならざるを得ないのだ。こんな食い物は、鮨くらいのものである。

名前を挙げるのは控えるが、私が通った寿司屋は、ビールと酒、少々のつまみ、鮨八〜一〇艦で、一人二〜三万といったところだった。通ったと断った理由は、今は通っていないからだ。味はともかく、それほどの金を払って、板前に見下ろされ、蘊畜を聞かされてばかりいたらたまったものではない。それほどの代金を支払うなら、帝国ホテルの「吉兆」のお任せ料理を食う。少なくとも料理人に気を遣わずとも済む。

シャリの語源

鮨屋の値に差があるのは、江戸の伝統らしく、『近世風俗志一』にこんな件がある。

「握り飯の上に鶏（卵）やき・鮑・まぐろさしみ・海老のそぼろ・小鯛・こはだ・白魚・蛸等を専らとす。（中略）鮨一つ価四文より五、六十文に至る。天保府命の時、貴価の鮨を売る物二百余人を捕へて手鎖《てぐさり》にす。その後、皆四文、八文のみ。府命弛みて、近年二、三十文の鮨を製するものあり」

代金の上下動は、漁獲の変動という正当な理由もあろうが、四文から五、六十文という差はあまりに大きく、手鎖をされたのであれば、巻《ちまた》の鮨人気に乗じて不当な利益を得ていたのだろう。

天保は一八三〇〜四四年だ。当時の江戸の甘酒は八文、煎茶一斤が一〇〜三〇文、歌舞伎の上（下）座敷と外（内）翠簾《すみ》が二五〜三五文、湯銭（入浴料）が夏場は六文、冬場は九文ほどだ。歌舞伎の上座敷の観劇料と高級鮨屋の値段がほぼ同じで、この対比は、現代の一人二万程度の酒代を含んだ高級鮨屋と、歌舞伎の一階の桟敷席料一万六〇〇〇円に等しい。現代は、手鎖をされないだけだ。

鮨はもともとは「酸し」とされる。魚や肉を、塩と飯で自然発酵させた保存食である。遠距離輸送でも腐らなかったため、献上品として重宝された。初めは「鮓」という文字が当てられた。一二世紀初めに著された「今昔物語」には、「五、六桶ばかり、鯉・鳥・鮓・塩に至るまで多く荷《にな》ひ続けて」と、「鮓」の字が既に見られる。

江戸時代中期に入り、縁起の良い「寿司」という文字が登場する。江戸で最初の寿司屋は、貞享《じょうきょう》年間（一六八四〜八八）の、四谷の近江屋と駿河屋とされる。時代から推して、押し寿司か熟《な》れ鮓だろう。前述した保存食の類だ。鮭鮓《さけずし》や鮓年魚《すしあゆ》が知られる。いがみの権太が、暖簾《のれん》口から勢いよく飛び出し、すし桶を抱えながら花道で大見得を切るのは、義太夫狂言の「義経千本桜」（二世竹田出雲《いずも》、三好松洛《しょうらく》、並木千柳《せんりゅう》合作）の三段目である。「鮓屋」とも呼ばれる演目だ。握り鮨ではなく、鮎（年魚）の押し寿司である。

次いで巻き寿司が、天明年間（一七八一～八九）に登場する。鰻の蒲焼きが、江戸で盛んになった頃だ。握り寿司屋が登場するのは文化年間（一八〇四～一八）である。文政年間（一八一八～三〇）に、江戸前の握り寿司が花屋与兵衛により考案された。天保年間は、マグロの握りが評判になり、寿司ではなく「鮨」という文字が当てられた。マグロを醤油づけにした、今で云うヅケだ。

「文化のはじめ頃、深川六間堀に松がすし出来て、世上、すしの風一変し」（『嬉遊笑覧』）

「文政末ごろ、戎橋《えびすばし》南に松の鮨と名づけ、江戸風の握り鮨を売る。是江戸鮨を売るの始也」（『守貞漫稿』）

とある。ついでにいえば、稲荷ずし（篠田ずし）は、天保の大飢饉《だいききん》の際に、油揚げのなかに「うのはな」を詰め込んだ、非常時の安価な食い物として誕生し人気を博した。以上が、現代の鮨のルーツである。

「妖術といふ身でにぎる鮓のめし」

（江戸川柳）

握り鮨が登場した時代に詠まれた句だ。握っている様子が、妖術（幻術）を使うような手つきに見えたのだろう。鮨の握り方を見ていると、片手にシャリを載せ、それを整えるために、もう片方の手の人指し指一本を使う板前と、人指し指と中指の二本を使う板前がいる。私は、一本指で小さく整えられたシャリの方が好きだ。二本指で整えられたシャリは、何となく大ぶりな感じがする。手の大きな板前であれば、なおさらその感が強くなる。

シャリは、コシヒカリがいいと聞いたことがある。酢飯《すめし》にいちばん合うそうだ。

シャリの語源は、舎利だ。梵語《ぼんご》のシャリーラで、仏陀の遺骨である。白米と、火葬後の遺骨の喉仏が似ていることからその名がついた。鮨屋で用いられるようになったのは、明治時代に入ってからだとされる。シャリの語源を知ってから、私は、この言葉は使わずに「ご飯は少なめに」と板前に頼むことにしている。つけ加えるなら、シャリでなくガリの語源は、ショウガをガリガリと音をたてて食べたことによる。

行きつけの店

私は、鮨屋だけは一人で行くことが多い。最近は、専ら築地の河岸にある鮨屋ばかりだ。築地・明石町で生まれ育ったので土地勘も強い。歩いていて不安感がまったくない。土地勘がある場所は、不思議にどんな食い物屋でもすっと抵抗なく入れる。

河岸のいろいろな店で鮨を食したが、この二年ばかりは決まった鮨屋だ。若い板長がもの静かで控え目で、目配りが確かだからだ。

料理人たちは京都の「有次《ありつぐ》」の庖丁を使っている。鮨のような生き物の味を生かすも殺すも庖丁の切れ味次第だと、料理をやっている友人に聞いたことがある。それから私は、板前の使っている包丁と、魚のおろし方を改める癖がついた。上手な板前は、包丁を自分の手首のように使う。さばかれた刺身はいかにもうまそうだ。

「有次」は、今から四〇〇年前の戦国時代に創業した包丁屋だ。京都御所御用鍛冶の伝統を受け継ぎ一八代目になる。戦国生まれの刃物と聞いただけで、いかにも鋭利な感じがする。人の首でもすぱっとはねそうだ。

「有次」の名前を知ってから、私は二度ばかり、東京・日本橋の高島屋にある出店に赴いた。並べられた包丁は、刃物というより刀匠の心魂が込められた、美しい芸術作品のようだ。とりわけ刃渡り三〇センチの柳葉刺身包丁や、二一センチの相出刃包丁などは、端正な剣を彷彿させる。

飲んで食って、五千円程度の安価な料金設定も気にいっている。私の場合は、つまみと、せいぜい七〜八艦ほどしか食さないので、酒の料金と鮨の代金は、半々だろう。その程度が、いちばん妥当な額である。週に二度訪れても、月四万で上がる。一度に歌舞伎の桟敷分をふんだくられるのであれば、私は鮨を我慢し歌舞伎に通い、特製幕の内弁当を食う。

板長のまん前の席

目配りには、適当な目配りと威勢の良い目配りがある。前者は、客としてだけでなく、人への配慮が感じられる目配りで、後者は、仕事上そうしなければならない目配りだ。私くらいの年齢に達すれば、そのくらいは判断がつく。

目線がもともと高いのであれば、それを低くするにはどうするのかを良く知っている板前がいちばん気持ちが良い。人として客として扱ってくれれば、こちらも相手を人として料理人として見ることができる。

そこに必然、阿吽《あうん》の呼吸が生じる。料理人を前にして食さなければならない鮨という特殊な食い物は、そもそもそういうものだと私は思っている。鮨屋のソフトウェアの問題である。それが感じられれば、こちらも粋を装って鮨を食すことができる。板前に、事前に暗黙の了解を取りつけねばならぬ高級鮨屋は、どうしても「ほれ、食ってみろ」「じゃあ、食ってやる」式になる。お互いの行動様式が粗雑になることが判っているので、私は、最近はいっさい出向かない。

蕎麦屋に足を向けるのと同様に、昼夜を問わず、原稿のキリがいいところで、私は佃の仕事場から、隅田川の川っぺりを築地まで歩く。江戸の昔から変わらぬ大川と、威勢の良い河岸の光景と雰囲気が、これからいなせな食い物を食べにいくんだという気分を盛り上げてくれる。

カウンターの席は、板長のまん前に決めている。そのために、鮨屋には早目に赴く。がんがんに冷えたビールと、夏場ならサンマのつまみ、冬場なら平目のエンガワかナマゲソを注文する。ビールを終えたら、癖のない、熱い焼酎を頼む。日本酒は、特有の粘々《ねばねば》感がネタの新鮮さに影響するような気がするので滅多に口にはしない。蕎麦の場合は、汁にミリンが入っているので、それほど感じないのだが、鮨のような生き物は、酒によって味に甘味がつく。それが嫌なのだ。

焼酎が終わりかけた頃、空腹感が強ければツミレ椀を、そうでなければウシオ汁をゆっくり啜る。口の中に魚臭さを浸透させた後で、鮨をおいしく食うためだ。初めに好物の小肌を二貫食う。コノシロである。夏場の「香りモノ」と称されるシンコがもっとも美味だ。酢で締められた味が、口中をさっぱりと清掃してくれる。「鮨は小鰭《こはだ》に止めを刺す」と諺《ことわざ》にあるが、江戸前の鮨屋の仕事ぶりは小肌にかかる。ほかの握りは生の味だが、小肌は、酢の味を巧みに生に染みこませてこそできあがるからだ。酢加減により、小肌はうまくなったり、なぜか油臭くなったりする。

次に、ユズシオを一艦と、アジを二艦注文する。アナゴは、ヴォリュームがあるので、初めは一艦だけに留める。板前の手間のかかることは承知だが、もし空腹感が残っていれば、最後にまた注文する。その次に中トロを一艦と、時季であればイワシを二艦頼む。値段が値段の鮨屋なので、本マグロ（クロマグロ）は期待できないが、時季が良ければそこそこのモノが食える。

農林水産省の公式の呼び名としてのマグロは、本マグロ、ビンナガ、メバチ、キワダ、メジで、なかでももっとも美味なのが本マグロだ。築地市場で、キロ二万のマグロは、一艦およそ千円の握りにつく。高級な鮨屋では二千円だ。そこまでの段階で、焼酎とお椀はあらかた飲み干し、上がりを頼む。口中をさっぱりさせるためだ。お茶を少し口に含んでから、最後に茄子の辛子漬けを載せた握り二艦か、タクワンの小さな手巻きを食う。およそ一時間半が流れ去るが、私にとっては至福の時間で、時の流れが止まったように感ずる。

鮨屋をめぐる五段階

鮨屋で、鮨を「だてしゃ」風に食うためには、まず鮨屋には食い物である鮨と同時に、人間である板前も待ち構えていることを知るべきだ。私が考える板前には、一から五位までの段階がある。一は前述の通り、人として、客としてもてなしをしてくれる板前だ。

鮨ネタの方も、有り体に云えば、AからE位の幅がある。板前を優先するか味を優先するかだ。双方が揃っている鮨屋は、そうざらにはない。私は、板前のランクが一であれば、ネタはABCDEのうち、Cくらいまでは我慢できる。気を遣わずとも、自分だけの了見で鮨が食えるからだ。二Bか二C位も耐えられるが、せいぜいそれが限界である。味がAランクでも、板前が三ランク以下の鮨屋のカウンターには決して座らない。

穏やかな気分で飲み、食う。温和な心持ちで時を過ごす。素直な心持ちで勘定を払う。余情を残して鮨屋を去る。それが鮨の上手な食い方だと、私は思っている。

Ⅲ　遊びのダンディズム

第十二話　銀座

スタジオをつくってはみたものの……

二七～八年前、書籍と雑誌の編集を丸ごと請け負うスタジオを経営していた。傍ら女性月刊誌の雇われ編集長などという、およそ柄に似合わぬ仕事もした。仕事は多過ぎるほどあり、社員の数に比し、売上は半端ではなかった。

新聞社を辞し、フリーランスで雑誌や新聞に連載していた私が法人を作った動機、いや作らねばならなかった動機は、ただ税金対策だけである。

ビジネスを展開し、それを拡大しようなどとは露ほども思わなかった。数字に弱く、実入りの大半を自分の身の回り品に使ってしまう私が会社など経営できるはずもない。グループのなかで働くことも苦手である。一つの仕事ためにフリーランスの仲間を集め本なり雑誌なりをさっさと作り、さっさと解散する。さもなければ、自分一人で楽しみながら書く。それがいちばん気楽である。能率も良い。

稼ぎの上下動はいた仕方ないが、定期的な収入よりスリルがある。二か月ほどを要する一度の仕事で、新聞社の給与の三年分くらいは稼げるときもある。稼いだらきれいさっぱり使い果たす。使い途はいくらでもある。

そんな塩梅《あんばい》にどんぶり勘定をしながら、いい加減に過ごしてきたので、友人の会計士に、法人を作らなければ年収の半分は税金で持っていかれる、と忠告されたとき、自分がどれほど稼いでいるかさっぱり判らず、法人を作る理由も、そのときは現実的には理解できなかった。毎年の申告はしていたが、それも友人に任せっきりで、私はただ税務署から送られてきた年末調整そのほかの書類を封も切らずに彼に送るだけで、翌年の源泉の還付金で、去年は結構稼いだんだと遅蒔《おそま》きながら実感するだけだった。

会社などを作り、たとえ私がそこの長に納まったとしても、また毎日同じ顔ぶれでグループ内で仕事をしなければならず、何のためにフリーランスになったのか判らなくなる。そんな訳で、自分が稼いだ金を少しでも自分だけのために使いたいなら、（法人など作りたくなくても）会社を作れ、という彼の理屈は、初めのうちは私には到底納得できかねた。会社を作ったら、社員に給与を支払う責任を負い、これは自分のみならず他人の面倒を見なければならないということを意味し、よしんばその他人が家族持ちならその家族の面倒までも私が責任を持つことであり、責任を持つためには、今までよりもっと金を稼がなければならず、それでもしまた高い税金を支払う羽目になったら、何のために会社を作ったか、これも判らなくなる。

しかしどうやら世間はそんなふうにできているらしく、日本の税法は、個人や法人が不必要な金を稼げないような仕組みになっている、と友人に諭《さと》され、六本木にあった自宅アパートの近くに事務所を探し、赤坂の秀和レジデンスの一室に会社を設立した。だが半年も経ないうちに仕事が倍増し、すぐに手狭になり、飯倉片町の麻布台ユニハウスに引っ越した。

そこでまた税金の問題が発生した。友人の会計士は、もっと飲んで領収書を集めろという。もっと飲めと云われても、そんなには飲めるものではない。ましてわざわざ彼に云われなくとも毎晩のように外で飲んでいるのだ。それでは事務所でも買ったらどうだと云う。

事務所など購えば、ローンを支払い続けなければならない。支払うためには、当然のことながら働き詰めねばならない。私が法人を作った理由はただ節税のためだけで、働き続けるためではない。収入が落ちればさっさと事務所を引き払い、元のフリーランスの仕事に戻り、気が向いたときに海外にふらりと出掛けたりサーフィンや渓流釣りを楽しみながら、ややこしくも、こむずかしくもないシンプルな人生を半ば遊んで暮らしたかっただけなのだ。

　すると今度は家でも買えという。私はもともと家など持たない主義である。外から他人のアパートを眺め、住んでみたいなぁと思ったら、近所の不動産屋に当たり、空きがあるかどうかを確かめる。今の自宅もそうだ。川辺を歩きながら、住んでみたいと思ったので、現実に、今、住んでいるだけの話だ。ひょいと引っ越し、気が変わったときにまたひょいと引っ越す。その方が生きているという実感を得られる。一か所に死ぬまで根を下ろすなどとは到底考えられない。

田辺茂一さん、青葉山関との思い出

使い途がないなら飲むしか方法はない。飲む場所は次第に高級に、そのうち思いきり高級に、加えて頻繁に梯子《はしご》酒をするようになった。昔から通っていた飲み屋には、年の始めに一〇〇万を渡し、それを超えたら教えてくれなどという、ダンディズムとはおよそかけ離れたこともした。

懐に余裕があるときこれをやると病みつきになる。どうせその店には、飲み代として年一〇〇万以上を支払うのだ。それならあらかじめ支払っておけば、飲む度にタダ酒をご馳走してもらったような心持ちになれる。酒の肴もけちらないで済む。店も最上客として迎えてくれる。ときどきの旬が間違いなく供される。連れがあっても勘定の心配をする必要もない。「じゃあ、また。ご馳走さん」などと格好もつけられる。請求書も送られてこない。

飲食費が一〇〇万を超えれば、いい加減な領収書でなく、懇切丁寧に書かれた何枚もの領収書が、合わせて一〇五万ほど定期的に事務所に送られてくる。五万は、店の私への心づけだ。
その飲み屋で、銀座の女の子たちと待ち合わせをして、午後八時半にクラブに同伴する。どんちゃん騒ぎをして、六本木のゲイバーに赴き、またどんちゃんをやる。このコースに（初めに）向島が加わると、一晩で、ミラノでスーツをオーダーできるくらいの金がなくなる。

銀座のクラブには、酒の飲み方が上手で、お洒落な人がたくさんいた。私がもっともダンディだと思ったのは、紀伊國屋書店の社長の田辺茂一《もいち》さんだった。銀座の特定のクラブを三軒ばかり梯子すると、必ず常連客に出会う。田辺さんもその一人だった。

短い間にたて続けに五～六度会い、二度目に私が挨拶をしてからは、路上で立ち話を、次いで店で二回ばかりご一緒させてもらった。記憶に間違いがなければ、並木通りの「サントノーレ」だったと思う。陽気な酒で、誰にでも気さくに話しかけよく笑うのだが、目はなかなか笑わない人だった。

当時の私とは実に四〇歳違いだったが、年の差をまったく感じさせなかった。女の子たちには「もいっちゃん、もいっちゃん」と親しみを込めて呼ばれていた。私の係の女の子が「もいっちゃんって、胸の大きな子が好きなの」と教えてくれたが、並木通りの路上でお会いしたときは、実際に胸が西瓜《すいか》のようにぱんぱんに張った奇麗な二人の女性に両側から腕を抱えられご満悦そうだった。それが田辺さんを見かけた最後になった。訃報《ふほう》を知ったのは、それから数か月後の紙上である。

小結の青葉山関とは、銀座の並木通り沿いにあった「パームスプリングス」というクラブで知り合った。関取と私の係のホステスが一緒だったこともあり、その晩四〜五人で六本木のゲイバーに遊びに行き、以降、東京場所のときは必ず電話が入った。歌舞伎の「暫《しばらく》」に登場する荒事師の鎌倉権五郎のような偉丈夫《いじょうぶ》で、気っ風もよかった。仕切りの際に塩を思いきり高く放り上げ、その度に観客がどよめいた剛腕力士だ。神経も細やかで、気配りの利く人だった。

私はすぐに彼のタニマチになり、千秋楽の夜、部屋で催される宴会に何度か顔を出した。私の祖父も、かつて前頭上位の双ツ龍という関取のタニマチで、中学生の頃、祖父に連れられ、しばしば部屋まで行った経験があり、雰囲気は良く知っていた。序でにいえば、角力《すもう》の語源は「スマヒ」で、争ったり抵抗することだ。元々は神事である。タニマチは、明治の末の大阪谷町にあった外科医が、力士から治療代を取らなかったためその名がついたとされる。

男の和服の着方を教えてくれたのも彼である。脚が滅法長いにもかかわらず、重心がでんと下にある。背筋がピンと立ち、歩行の際に上半身が傾《かし》がず、脚がすっすっと前に出る。映画で観たフレッド・アステアの歩き方のようである。力士も舞踊家もカタチが勝負で、共通している何かがあるのだろう。とにかく所作《しょさ》のあちこちが決まっている。

私は彼のダンディな着物姿に刺激され、京都に赴き、御所町にある「宮下」という呉服店で、一二〇の亀甲紋様がある大島紬の羽織と着物を誂《あつ》えた。初めて着る着物は、大島紬がいいだろうと関取が勧めてくれたからだ。額裏（羽織裏）に翠光《すいこう》の「猿と柿」、着物の裾に広重の「東海道神奈川の関」、長襦袢の背に歌麿の「北国五色墨《ごしょくずみ》」を描いてもらい、当時の金でゆうに二〇〇万を超えた。それを身につけ、関取と一緒に銀座に飲みにいき、店の客がいなくなってから長襦袢姿になって、女の子たちに見せるという、今考えると途方もないバカげたこともやった。

和服はもっとつくりたかったのだが、道楽が過ぎ、そろそろ会社が傾きかけていたので諦めた。青葉山関の死は、これも後々新聞紙上で知った。まだ四〇代の若さである。訃報を目にしたとき、私は、彼の現役時代の艶やかな肌を知っているだけに、とても信じられない気持ちだった。

銀座に集《つど》う人種

銀座には、そのほかさまざまな思い出がある。若い女性のピアノ弾きが、プロ野球の人気プレイヤーに失恋し、ビルの八階から飛び降りた。私はその前日、彼女がピアノを弾いていた店に立ち寄り一緒に酒を飲んでいる。いつもはピアノを弾いている最中に、一杯届けてくれとボーイに頼むのだが、その日に限って、ピアノを弾き終えた彼女が私のテーブルにやってきた。何を話したかは覚えていないが、明るい笑いはいつもと同じで、まさかその翌日に鬼籍に入るとは、今考えても信じられない思いである。

ナナハンに乗って、夜の銀座に通っていたボーイ頭もそうだ。石鹸会社のオーナーの愛人がやっていた店で働き、私が行く度に、どんなに小さくてもいいから三〇までに銀座に店を構えたいと語っていた。ところが或る晩から突然いなくなり、聞けば、トラックと衝突して即死したと云う。それを聞いたときは、何ともやりきれなく悔やみの言葉も出なかった。当時、私は三六、彼は一回り下の年だった。ついでながら、私が二九の年に初めて銀座に足を踏み入れたとき、私の係を務めてくれた女性も、飲み過ぎで肝臓をやられ早逝《そうせい》した。同じ銀座に勤める姉が先に、暫くして彼女が逝った。

客をリピートさせるために、複雑なからくりを仕掛けた店もあった。経営者なりママなりが、あらかじめ客と褥《しとね》を共にするような女の子を選別し、それとなく客に情報を提供するのだ。もっと凝った方法は、店がある同じビルの中にホテルの一室のような部屋を設《しつらえ》る。並木通りの新橋寄りにあったクラブがそうだった。私は、オーナーと懇意になりそのからくりを教えてもらった。常連はこれもプロ野球の（当時の）花形プレイヤーだった。

銀座の一流のクラブで酒を飲むことは、私は人生の学習だと思っている。そのために金は集中して使う必要がある。集中とは、何のためにその金を使うか考えることだ。座って五万、ボトルを入れて一〇万などという奇天烈《きてれつ》な世界に、毎晩さまざまな人種がやってくるのだ。

彼らの共通項は三つある。ひとつは、平均的給与生活者の一か月間の生活費に近い金額を、金の性質や出所はどうあれ、僅か数時間のうちにきれいさっぱりと使い果たす立場にあること。もうひとつは銀座で飲むことに見栄なりステイタスなりを感じていること。最後はホステス目当てだ。

銀座を訪れるために、人の属性である生まれや性格、服装や態度、職業や物腰、上品や下品はいっさい関係ない。実業家や政治家、銀行マンや商社マン、その筋の人や芸能人、画家や大衆小説家、力士やプロ野球選手が午後八時から一一時半までの三時間半の間に、銀座にどっと集まってくるのだ。そんな世界は銀座だけである。

貧相な（少なくとも私にはそう見えた）実業家が京都から舞妓を引き連れ粋を気取り、服装がひっちゃかめっちゃかな政治家が店中に轟《とどろ》き渡るようなバカ笑いをして大物ぶりを装い、名のある中年の俳優がその筋の親分のホストのように振る舞い、銀行マンが口汚くホステスを詰《なじ》り、芸能人が大声で隣の客に管を巻き、スポーツ選手が振られた腹いせにホステスにコップの水を浴びせかけ、まるで職業の判らない人がいきなり小謡《こうた》を唄い出し、虚業家が帰りしなにホステス一人一人に万単位のピン札を配る。

銀座は或る空間のなかで、大勢が遊び飲みほうける。他人がいれば、自分だけが目立ちたいと思う人間が必ず出てくる。目立ちたいから、ホステスという娼妓がいるにもかかわらず、わざわざ京都から舞妓を連れてくる。人目を惹きたいからバカ笑いをする。自分が或る程度世間に名の知れた人間だと判っているので客に管を巻く。財力を見せつけるために万札を人前で配る。銀座に比べれば、向島での遊びの方がずっと垢抜けている。誰にも知られず、一人でひっそりと遊べるからだ。

店側の人間にしてもそうだ。彼ら、あるいは彼女たちの共通項は三つある。ひとつは、新宿でもなく池袋でもなく、夜の銀座に憧《あこが》れそこで働いていること。もうひとつは、自力あるいは客の中からパトロンを探し、何らかのかたちで銀座に店を持つこと。最後は大半が東京以外から集まってきていることだ。それこそが銀座の正体である。

夜の銀座に集まってくるその手の人種をしっかりと見据え、自分の人生の糧《かて》にすることだ。それができるのは銀座の一流の店だけである。一流の店だからこそ人間の縮図が顕著に表れる。座って三万、ボトルを入れて五万程度の店では駄目だ。値段が下がると、集まってくる人間が次第に平均化される。

くらぶ 蘭
holly
アドワン
グッチ
林林
麦
かなめ屋
BON
THE VINE BAR
B1

人生の糧にするという意味は、自分に彼らを投影することである。投影することができれば、必ず銀座でダンディに酒を飲めるようになる。彼らは教師でもあり、反面教師でもあるからだ。金を集中して使うということはそういう意味だ。集中すれば、どんなふうに飲むか、どんなふうに女の子たちと会話すればよいか、どんなふうにすれば店側の上客になれるかが自ずと理解できるようになる。人生の底と天井も見えかけてくる。

半端は駄目だ。間を置いてもいけない。常連にならなければ、店側が本気で付き合ってくれないからだ。とにかく足繁く通い続けることである。銀座はその意味で、酒を飲む場所ではなく、人生を肌で感じる場所だと私は思っている。飲むことを目的にするなら呑み屋か蕎麦屋で十分だ。

店側の人間も学習をしなければならない。客を見ながら学習する。学習をするから客あしらいに長ける。客あしらいは、人と人との丁々発止だ。素面《しらふ》と酔っ払いの丁々発止は、どうしても酔った方に勢いがある。それを巧みにあしらう。人間の何かが見えてくる。客と店が互いに切磋《せっさ》するから、雰囲気が洗練されてくる。

月五〇万円を半年続ける

銀座でダンディに飲むためには、自前で飲む。自前で飲めば学習が深まる。空想を逞しくして人を見る。客を観察する。会話を聞く。深酔いを避け、さっさと引き上げる。請求書が送られてきたら、どんな金額にせよ一週間以内に処理をする。

接待費で飲む客は、あまり威張らない方が良い。接待する方はともかく、被接待者は立場上ついつい横柄になる。酔えばなおさらだ。被接待者側が、たとえ仕事で接待者側に大金を支払ったとしても、それは銀座にはまるで関係のないことだ。店側にとっては、金を支払ってくれる方が常に上客なのである。銀座の金を払うのは、接待者だということを、店側はよく知っている。被接待者が威張っても、ホステスは腹の中で長い舌を出す。店のボーイは、はなからバカにする。それを顔に出さないだけだ。横柄になればなるほど、店からも女の子たちからも嫌われる。

接待者の方も、自前ではないので気を配る必要がある。会社払いでなく、自前ではとてもそんな大金を使えないことを、まず頭に入れホステスに接する。一流のホステスは、接待者の会社のオーナーの三年分くらいの年収があることを知るべきだ。そう考えれば、自ずと謙虚になれる。

かつて私の係だったホステスはこう云った。「銀座の客は、八〇％以上が女の子目当てよ」。客は初めから見られているのである。見通されながら、ダンディズムを発揮するためには、自前で、スマートに気取らず振る舞うことだ。いっときだけでも金を使い続ける。月五〇万でもいい。それを半年続ける。銀座で遊ぶことの意味が判ってくる。

一五年ほど続いた、ひとつ目の会社を潰したときに、私は友人の会計士に、銀座に通わなければ、六本木の４ＬＤＫ位のマンションをゆうに二軒は購えたと云われた。だが私は、銀座の織りなす複雑な人間模様で、私なりの人生観ができたと思っている。金銭では得られないモノを、（多少高くはついたが）金銭で得られたような気がするのだ。男が腰を入れて本気で遊ぶということは、そういうことではないだろうか。

第十三話　六本木

赤いセーターとボウリング

六本木が注目され始めたのは、私が高校三年の頃だった。三七、八年前のことだ。友人と連れ立って、イタリア料理店の「シシリー」と、ピザハウスの「ニコラス」をしばしば訪れた。

シシリーは六本木交差点角のビルの地下、ニコラスは、当時は飯倉片町交差点点近くの表通りに面し、木造二階建ての洒落た外観を具えていた。ピッツァなど、まだ珍しい時代である。行く度に、同じ顔触れの日活の若い俳優たちが、赤や黄色のVネックのセーターを着て二階席に陣取っていた。

この時代はボウリングの流行とも重なっていて、ボウリング・ウェアとして、色とりどりのＶネックのセーターがはやっていたためだ。青山に大きなボウリング場があり、そこで午後の時間をゆるゆると過ごし、日の暮れる時分に六本木に移り、ニコラスでワインを飲みながら、ピッツアを食べることが流行の先端とされた。

六本木を根城にした若い芸能人たちが「野獣会」なるグループを結成し、マスコミに取り上げられ、それが或る種のモダンなイメージを植えつけたことも、東京の片田舎だった六本木が知られた要因のひとつである。「野獣会」の中心メンバーは、加賀まりこさんだった。後年、私は或る雑誌のシリーズで、作家の遠藤周作氏と女優さんたちとの対談を担当し、加賀さんを対談場所の帝国ホテルに招いたとき、そのことについて話したのを覚えているので間違いないと思う。当時から加賀さんは魅力的な人で、私は対談を終えた翌日に、当時、千鳥ケ淵アビタシオンの最上階に住んでいた彼女に都わすれを贈った。

銀座のみゆき通りを、何の目的もなく濶歩《かっぽ》する「みゆき族」の出現は、「野獣会」の少し後の時代だ。自宅からみゆき通りまでは、歩いて一五分ほどだったこともあり、私も彼らを気取り、つんつるてんのコットンのパンツにサイドゴアシューズ、茶色の紙袋を抱えて（そのスタイルがみゆき族の定番だった）友人たちと銀座を当てもなく歩いた。それだけで、自分たちが流行の最先端を走っているような気分になった。

マスメディアが、現代のように密に張りめぐらされていない当時、特定の地域を限定したグループの出現は、今考えると、敗戦後二〇年足らずで、日本が豊かになりはじめた予兆でもあり、若者の流行という現象が目に見えるカタチで現れた最初の出来事だったように思う。

具体的には、それまで日本の市場に存在しなかったようなダンディな赤いVネックのセーターと、アメリカからやってきた斬新なボウリングというスポーツの取り合わせ、赤いセーターと、イタリアからアメリカ経由で日本に渡ってきた、これも目新しいピッツァという組み合わせ、それを体現した若者たちだ。そこに六本木、青山、銀座という個別の地域が加わり、若者たちによる社会現象としての流行が巻き起こり、大人たちまでを駆り立てたのだ。私が、銀座と六本木に今でも愛着を感じているのはそのためである。

ゲイは「芸」に通ず

仕事と世帯を持ち、私は築地・明石町から六本木六丁目のアパートの一室に住まいを移した。現在は、森ビルが巨大な複合ビルを建設し、当時の面影は跡形もなくなってしまったが、元どこだかの大名の江戸屋敷があった場所で、巨木が残り、太い青大将がときどきトグロを巻いていた。港区が保存を指定した古木も何本かあった。

そこから私の夜の徘徊が始まる。事務所は既に述べた通り、赤坂、後に飯倉に構えたので徒歩で行ける。行きはするが、真っ直ぐに自宅に帰ったためしがない。たまに帰るときは、服装が気にいらず着替えるときだけだった。行く先は、大抵は銀座か向島だ。六本木に戻ってくるのは午前〇時を回っている。自宅ではなくゲイバーに向かう。一人で飲みに行っても、その頃には連れができる。銀座の女の子たち数人か、銀座で知り合った奇人たちだ。

腹が減っているときは、六本木三丁目の「マノハウス」で軽く食事をする。当時としては珍しい懐石風のフランス料理で知られた店だが、常連には適当なモノを供してくれる。晩年の柴田錬三郎氏が病院を抜け出し、食事をしていたのを見かけたことがある。この店は、今でも現存する。

その後で「ねずみ小僧」か「シャルル」に赴く。前者は男装のゲイバーで、六本木交差点から麻布十番へ降りていく芋洗坂の左手にあった。自宅までほんの五分ほどの場所だ。飲み潰れても、ゲイボーイたちが自宅まで連れ帰ってくれる。後者は女装で、六本木通りを溜池に向かったすぐ右側の奥まった所にあった。二つの店ともに客を笑わせることに長けたゲイを揃えていたので、いい加減酒が入った後で、女の子たちを連れていく店としてはもってこいだった。

ゲイたちが、さながら本物の女のように美を競い合い、それを求めて倒錯めいた客が訪れるような店は、私は息苦しくなってくる。「ねずみ小僧」は、ほかにチェーン店として六本木交差点ちかくと青山に二軒あり（店名はミッキーマウス）、オーナーとは銀座のクラブで知り合い、それから訪れるようになった。商売熱心な人で、朝方の上野駅で夜汽車が到着するのを待ち、美形の少年を探し店にスカウトするのだという。遠方から夜を徹して走ってきた汽車には、たいてい家出少年が乗っているそうだ。

ゲイボーイのゲイは、私は「芸」に通ずると思っている。話術に長け、ショータイムの振り付けも大いに笑わせてくれる。玄人はだしのゲイもいる。プロを呼び本格的なレッスンまで試みる。彼女たちは、銀座の女の子のように素姓を隠さない。素姓を開けっぴろげに面白おかしく語るのも、彼女たちの芸の一つなのだ。

彼女たちが、銀座の女の子たちと異なる点は、自分たちを商品価値以上に高く見せようとせず、ありのままを客の前に晒け出すことだ。どんなに化けようと、自分たちがもともと男であることと、深夜から明け方というむずかしい時間帯を乗り越えなければならない水商売で、男ができる接客の限界をよく承知しているからだ。銀座の女の子たちの客は、男という特定の性で、口下手でも美形であれば、少なからずビジネスにはなる。

その点ゲイたちの客は男女混交だ。その中間もいる。ビジネス上では女であることを強調する必要があるのだが、自分たちは（たとえ女だと思っていても）現実には男であることを弁《わきま》えている。弁えながら客を呼び寄せるためには、話術もそうだが、それ以外の芸が必要になる。芸は、ただの踊りとか歌では駄目だ。そんな店は幾らでもある。

その店独特の振り付け、あるいはゲイボーイたち一人一人の特殊な芸が必要になる。ゲイが客に対して真剣になる訳である。真夜中に男の話を聞くために、あるいは特定の男と話をするために、わざわざ店を訪れる客はホモセクシュアルで、ホモはホモ専門の店がある。六本木ではなく新宿二丁目だ。

忘れられない夜のこと

gayの語源は「優美な女性」で、「同性愛者」という意味が加えられたのは、一九七一年（米）と比較的新しい。現在は、名詞では「同性愛者」だが、形容詞では「陽気な、愉快な、華やかな、きらびやかな」という意味がある。まさにゲイボーイたちの世界なのだ。

彼女たちは、たいていが女の中で育っている。「お姉さんが四人いて、あたしは末っ子」などというのが多い。男親を小さいとき失い、女親に育てられたというゲイも多い。

計算ずくでなく、一途に男に惚れるのも彼女たちの特徴だ。傷つきやすく、感情的になり易い。当時テレビにしばしば登場していた、名の知られた中堅の俳優に振られて自殺したゲイもいる。私は彼女に相談を受けた。自殺する二か月ほど前は、「テレビや雑誌に、あの人が私にしたことを投書してやろうかしら」とまで云っていた。酒席なので、私はたいした返事もしなかったように思う。睡眠薬と酒を大量に飲み、吐瀉物《としやぶつ》が喉を塞《ふさ》いだと、彼女と仲が良かったゲイに知らされた。メイクをすると、女より美しくなるゲイだった。

彼女たちは、映画『真夜中のパーティー』（一九七〇）に登場する、繊細な神経のハロルドやエモリーそっくりで、ほんの些細なことでも傷つく。客に冗談で「お化け」と茶化され、「バカヤロー、帰りやがれ！」と男声に戻り、グラスに入ったオンザロックを、グラスごとその客に放り投げ、後でおいおい泣いたゲイもいた。接待を兼ね、何人かのクライアントを連れていくときもあった。会話をゲイに任せ、私は誰の相手もせずにいられるので楽だからだ。だが、或る大手企業の部長に「人生観が変わりました」と云われたときは正直云って複雑な気持ちだった。

ゲイボーイは、日本では「陰間《かげま》」が知られる。『江戸漫稿』に「江戸にて男色は俗言に陰間といふ」とある。『古語大辞典』（小学館）には、次のように記されている。

「上方で、まだ舞台に立たない修業中の少年俳優のうち、特に、男色の相手をする者。『かげこ』『いろこ（色子）』とも。旅回りの者を『とびこ』とも。近世後期、江戸で男色を売ることを業とした者、ときに後家や御殿女中の求めにも応じた」

陰間を世話する陰間茶家、子供茶家などという店もあった。ゲイバーのようなものだ。

江戸川柳にも、陰間はしばしば登場する。

「よっぽどなたわけかげまを連れてにげ」

「生酔《なまよい》になってかげまを一度買ひ」

それで思いだした。赤坂の榎坂に西洋人の陰間がいる店があった。オーナーは私と同い年の日本人のゲイで、テレ朝通りの秀和レジデンスに住んでいた。デザイナーの知人と一緒に生酔で深夜そこを訪れた。店には、西洋人の女と見事なメイクをしたゲイが、合わせて一〇人ばかり客として待機している。私はどれがゲイで、どれが本物の女かは知っていた。オーナーに、以前に聞いていたからだ。

知人は、イタリアの女がいいという。イタリアの女は一人だけで、正真正銘のゲイである。知人はその女、いや陰間を連れて店を出ていった。翌日、電話を入れ首尾を尋ねると、しきりに感激している。あまりに彼女を称《ほ》めるので、私は、彼女がゲイであることを云いそびれてしまった。人は、知らないままの方がいいこともあるものだ。

「シャルル」に数年通っているうちに、年末に客に配るカレンダーの製作を依頼され、カメラマンと、夜を徹して店でゲイボーイたちを撮ったこともある。正月はママ、二月はチイママ、三月からの順番は分からなかったが、多分売上順だったのだろう。一二月は紅白歌合戦もどきの、きんきんきらきらの衣装を身につけ全員集合の写真である。

これまでの人生で忘れられない夜である。十数人のゲイボーイたちが、全裸あるいは半裸で、出番を待っている。髭《ひげ》を剃っているゲイもいれば、鏡に向かい入念に化粧しているゲイもいる。「ねぇねぇ、どのお洋服がいいかしら」などと、私に衣装の選定をやらせるゲイもいる。ディレクションをしている私に、ひっきりなしに水割りを届けてくれるゲイもいた。

大半が胸を膨らませているので、目のやり場に困ってしまう。全員が女であれば、私は冗談でも云いながら、もっと図々しく彼女たちの美を観察しただろう。だが、男がわざわざ手術を施してまで胸を膨らませていると思うと、どこか悲壮で沈痛な感じがして、まともに見ることができなかったのだ。

彼女たちがそこまでやらねばならない理由は、私のような、単なる女好きの理解の尺度を遥かに超えていた。加えて下半身は、未だ男のままのゲイが多い。当時は胸の手術はともかく、完全な性転換の手術は高額だったからだ。どうしても性転換をしたいゲイは、インドネシアかバンコクかは失念したが、そこらあたりの国へ行って手術を受けるという。「見て見て。使わないと、だんだんちっちゃくなっていくのよ」などと、服を着ていればともかく裸のままで云われると、ゲイボーイたちにいくら慣れているとはいえ、私は彼女たちの下半身など到底見ることなどできなかった。そうまでしなければならない彼女たちの切なさと、華やかな衣装をつけたときには判らなかった、彼女たちの女に変身することへの純粋な憧憬《しょうけい》が痛いほど伝わってきたからだ。

午前九時頃に撮影が終わり、それから、昼過ぎまでみんなで飲み続けたのだが、時間を経るにつれゲイボーイたちの素顔に髭と疲労が目立ち始めたとき、私は、男にも女にもなり切れない彼女たちの人生について、余分なことだが、ついつい考えてしまった。飲みながら、私と親しかったゲイが「子供があたしのあとついてきて、オカマ、オカマって、石ぶつけるの」と云っていたのを思い出す。今という時代は判らないが、その頃の彼女たちへの世間の認識は、そんなものだったのだろう。

一流の店が消え、ダンディズムもまた消滅する

ゲイバーでダンディに飲み、遊ぶ方法は、彼女たちを女と信ずることだ。女たちに接するように優しく対話する。言葉の上で、決してゲイたちを傷つけてはならない。銀座のホ

ステスとは異なり、ゲイたちは、服装や懐具合を客の選別基準にしない場合が多い。その代わりに客の人柄を見る。楽しく遊べるか、遊ばせてくれるかだ。

彼女たちは寂しがり屋が多い。だからゲイバーという異次元の世界で、バカ騒ぎをやる。寂しさの裏返しの行動だ。その行動にうまく同調できれば、ゲイたちと上手につき合える。彼女たちはよく喋る。客に合わせて話題を変える術《すべ》にも実に長けている。その一連の流れにしたがうことだ。

彼女たちは、本物の女になりたいという欲求が強い分、神経が細やかで、気配りを具えている。女は男に対するとき、女であることの甘えが許され、男もそれを容認する。だがゲイたちは男であるため、その甘えが許されない。その分、女以上に繊細な神経を持ち合わせなければならない。彼女たちは、それを良く知っている。知らなければ、ゲイボーイなど務まらないことも知っている。

酒を零したとき、それをタオルで拭く所作《しょさ》などは、銀座の並みのホステスよりずっと洗練されている。酒のつぎかたもそうだ。片手ではなく、必ず両手をそっと添える。但し、彼女たちに何も期待してはいけない。彼女たちも、客に何も期待していないからだ。ただ

その場の雰囲気を楽しく分かち合えば良い。結果としてそうなったときは別だ。その点、初めから銀座は、女に期待する客ばかりである。ホステスたちもどこかで何かを期待しているからだ。

誕生日をあらかじめ聞いておき、その日に店が始まる前に、花を届けさせるのも上手な遊び方だ。喜びようは、銀座の女の子たちの比ではない。繊細な人間には、たとえ遊びでも繊細に付き合うことだ。ゲイを相手に楽しく遊ぶことができれば、向島の芸者衆や銀座のホステスとも、楽しく時間を過ごせるようになる。

一九年住んだ六本木を私が離れた理由は、昼はともかく、夜の六本木の喧騒の質が変化してしまったからだ。簡単に云えば、大人の街ではなくなってしまったのだ。

深夜歩いていると若いグループ連れが、恣《ほしいまま》に振る舞う。交差点角には、得体の知れないアラブ系の人間がカタコトの日本語で話しかけてくる。危なそうな客引きもいる。若く目付きの鋭い茶髪の男が黙々とチラシを配っている。酔っぱらいもやたらに多くなった。私が通ったダーツやビンゴを楽しむクラブ、自動ピアノを設えたアメリカ人中心のクラブ、英国人ばかりのパブ、芸達者を揃えたゲイバーなど、個性的な店がなくなり、マスでビジネスを展開する店ばかりが多くなってしまった。一杯呑み屋も増えた。

マスでビジネスを展開すると、必ず客層が変化し、街の喧騒の質も変化する。喧騒というより騒然に近く、かつての六本木の、どこか静謐《せいひつ》さを感じさせる喧騒、云ってみれば夜の都会で、ひっそりと一人ひとりがこっそりと自分だけの遊びを見つけ、楽しんでいるようなミステリアスな部分を喪失してしまったのだ。このまま行けば、六本木は新宿になってしまう、そう感じたとき、私はさっさと、生まれ育った築地・明石町のすぐそばの大川端沿いにある西洋人ばかりのアパートに引っ越した。

銀座も同様である。かつて、私が通ったクラブは軒並みなくなってしまった。水商売には見えない、ごく普通に見える若い女の子が、並木通りで、「一時間でもいいから寄って下さい」と、私に声をかけたとき、正直いって寂漠《せきばく》たる思いがした。そんな客引きは、昔の銀座では皆無だった。同様に西洋の若い女の子たち数人が、チラシを配りながら客を引いている。路上で客を引く店は、銀座のプライドなど皆無で、訪れるだけバカを見る。

一流の店がなくなると、ダンディもいなくなり、ダンディズムも、同時に消滅する。現在の銀座と六本木の夜は、現象的には確かに賑々《にぎにぎ》しいが、私には、今、蕭条《しょうじょう》として見える。

エピローグ

第十四話　集中力

集中力を駆使してはじめて見えてくるモノ

ここまで書き終えて、私はダンディズムにはディレッタンティズムのほかに、もうひとつ大切な要素があることに気づいた。今という時を楽しむための集中力である。ダンディを貫き人生を謳歌するためには、過剰なほどの集中力を要する。

『瘋癲老人日記』の卯木督助も、七七歳という年齢に相応しい集中力を発揮し、訛升と颯子をこよなく愛し、残された人生を楽しんでいる。何かに集中するとは、それ以外のことを一切忘れる作業である。

私は学生時代からこれまでの人生で、たくさんのモノに集中してきたつもりだが、半端で終わることが多かった。スポーツは、サーフィンに始まり、乗馬、トローリング、ライフル、テニスだ。モノの収集は、覚えているだけで、パイプ、カメラ、腕時計、ライター、アール・ヌーボーとアール・デコの西洋骨董、レコード、CD、身の回り品一式だろうか。なかで、テニスとサーフィン、西洋骨董だけは、この年になって振り返ってみると、それ以外のことを一切忘れさせてくれた。

プロからテニスのレッスンを受けるとき、私は、前日からテニスコートを思い浮かべ、あれもこれもでなく、具体的に自分が何を会得したいのかを絞りこんで考えた。サーフィンに出かけるときは、これも前日から、ボードを巧みに操っている自分を想像した。頭脳などで、スポーツは楽しめない。人生で頭脳を必要とするのは、金儲けくらいのものだろう。

集中すれば、新たなモノが必ず見えてくる。スポーツの上達は、何にせよ集中力であり、モノの収集も集中力に尽きる。集中は学習に繋がり、学習は、モノの勘所《かんどころ》を示唆してくれる。その勘所を掴めば、テニスもサーフィンも、種類は違えど同じスポーツであるということが判ってくる。

その意味で、私は、人生が始まったばかりの一〇代からスポーツをやって良かったと思っている。サーフィンに熱中していたその頃に、鎌倉の七里ケ浜で大きな波に乗った瞬間を、私は今でも鮮明に覚えている。

台風が明日にも上陸するという日だった。長く大きなうねりが沖合からやってきた。パドリングのタイミングがずれ、私は波をやり過ごそうと思った。だが波は、私の想像以上に大きかった。逃せば、また同じような波がやってくるのを待たねばならない。だがやって来る保証はない。私は、腹這いになり両腕の筋肉が引き攣《つ》るほど力一杯ボードを漕《こ》ぎ、漕ぐことだけに集中した。背後は振り返らなかった。波を見ると集中が途切れそうだったからだ。

二〇秒くらい全力で漕ぎ続けたろうか。ボードが、がくんと背後から押され、みるみる速度が増していった。私は反射的にボードに立ち上がった。波が眼下で大きく砕け始め、私を乗せたボードは、私が今まで体験したことのないようなスピードで一直線に陸に向かった。素晴らしい瞬間だった。私は心底感動した。四〇年前のこの経験を、私は今でも大切な想い出にしている。集中力をフルに動員すれば、一端諦めかけたことでもできるのだ。

スポーツには、必ず自分にとっての一瞬というタイミングが存在する。波を捉えるタイミングはほんの一瞬で、ボールをインパクトするタイミングも、ほんの一瞬に過ぎない。その一瞬を捉えるために可能な限り精神を集中する。波やテニスボールなどという個々の次元ではないのだ。集中が、技を進歩させる。

モノもそうだ。カメラと腕時計は別物である。だが集中してそれを集めていくうちに、人の用いるモノは、どこか人と接点がなければならないということが薄々判ってくる。カメラで云えばライカで、時計で云えばロレックスである。車はベンツだ。使い勝手が、よそのメーカーに比べると、明らかに人を強く意識している。さぁ、使ってみろという突き放した態度ではなく、ここまで準備したのだから、後は使い手が自由に使ってくれという優しさが感じられる。集中を完成させなければ、その優しさは判らない。

西洋骨董も同じだ。随分とフェイクを掴ませられたが、掴んだおかげで目を養うことはできた。目を養うことができれば、集中して優れた作品だけを集めることができる。優れた作品は間違いなく私に語りかけ、ときには慰めてくれる。フェイクやそれほど価値のない骨董は、決して語りかけてはこない。

深夜、居間でウォツカを飲みながら、グスタフ・マーラーのレコードを聴く。飾り台に置いてある象牙やブロンズの彫像を通して、それを創り上げたチパルス（ルーマニア生まれの工芸家）やプライス（ドイツの美術家）が、私に秘やかに語りかけてくる。彼らが生きた時代のアール・デコの美を、私に教えてくれる。マーラーの交響曲に合わせて、彫像たちが舞っているように感ずるときもある。優れた作品は作家自身の思いに優先し、必ずそれを観賞する人たちを意識して創られる。

一年に一五〇回あまりコンサートに通った年もある。交響曲のヴィオラの出のタイミングが、どうしても聴き分けられなかったからだ。ヴァイオリンは判る。だが、目を閉じたまま聴いていると、ヴィオラがいつオーケストラに加わったかが判らない。交響曲という壮大な音の流れに、ヴィオラがそっと忍び寄り、いつの間にか流れを共にしている。

指揮者や音楽家の耳は凄い。楽器を奏でることができない私は、彼らの足元に及ばずとも、せめてそんな耳が欲しいと思ったのだ。あるとき耳がそれを朧《おぼろ》げながら捉えたときは、本当に嬉しかった。オーケストラが奏でる音全部が、より鮮やかになったような気がしたからだ。

何にせよ、私は真剣に取り組んできた。書くことをいつも前提にしていたからだ。遊び惚《ほう》けていても、何かを思いつけばすぐにメモをした。学生時代からの習いである。かつては日記も付けていたが、日記にはときどき嘘が交じる。とりわけ悲喜こもごもの嘘が出る。日記などを付けるよりも、折々の感覚を大切にし、悟性《ごせい》としてそれを捉え、メモだけを取る。その方がモノごとは理解しやすい。文字に流されないからだ。不必要な文字も書かずに済む。

「只今が其時。其時が只今也」

歴史に残るダンディたちは、たいていが道楽者だ。ボー・ブランメルしかり、ジャン・コクトーしかり、紀國屋文左衛門しかりだ。道楽とは、本来は、道を解した楽しみのことだ。道を解すためには、集中し、徹底してモノに取り組まなければ、たいした意味を持ち得ない。中途半端な取り組みは、人生に無駄を生じせしめる。

人生が長いか短いかは、人により捉え方は分かれるだろう。だが私は、たとえ一〇〇歳まで生きようと、今際《いまわ》の際には短かったと、はっきりと感じ得たいと思っている。

人には過去と現在と未来がある。しかしながら、実際には、現在という時間は、過去と未来の間に茫洋《ぼうよう》と存在し、刻一刻と変容を続ける。その時をできるだけ大切にする。今という時間は、今しかないと思うことで、神経を研ぎ澄ませ集中させる。過去はみるみる遠ざかる。未来はいつも不確かだ。今という時は、未来を手に入れる最良の手だてだと、私は信じている。未来に繋がる今を鮮かにするためには、何にせよ集中することである。集中は必ず人を前進させる。それが人生の楽しみと云うものだ。

山本常朝は、『葉隠《はがくれ》』の中でこう云った。

「只今が其時。其時が只今」

人生とは、今の今しかないのである。歴史に残ったダンディたちは、それを見逃さなかった。

＊

最後に、この書を企画して下さり、ミラノのホテルまでわざわざワープロを送ってくださった光文社新書編集部の森岡純一氏に深謝並びに約束の締切が半年も遅れたことを陳謝いたします。

二〇〇二年一二月六日
著者

仕事場にて。筆者近影

落合正勝（おちあいまさかつ）
1945年東京生まれ。ジャーナリスト、メンズファッション・コメンテーター。立教大学法学部卒。ジャパンタイムズを経て、フリーに。メンズファッションの史実を踏まえた鋭い批評で知られ、新聞、雑誌に多数連載および寄稿。'97年、イタリア・フィレンツェ市長より、イタリアのファッション批評が評価され、「ベスト・ペン・プライズ」受賞。'98年、同じくイタリアのファッション批評により、東洋人としては初めての「クラシコ・イタリア大賞」受賞。著書に『男の服 こだわりの流儀』『男の服装 お洒落の基本』『男の服装 お洒落の定番』（以上、世界文化社）、『紳士のブランド もちもののものさし』（小学館）などがある。

ダンディズム　靴《くつ》、鞄《かばん》、眼鏡《めがね》、酒《さけ》…

2003年1月20日初版1刷発行

著　者 ― 落合正勝
発行者 ― 松下厚
装　幀 ― アラン・チャン
印刷所 ― 萩原印刷
製本所 ― ナショナル製本
発行所 ― 株式会社光文社
東京都文京区音羽1　振替00160-3-115347
電　話 ― 編集部03(5395)8289　販売部03(5395)8112
業務部03(5395)8125
メール ― sinsyo@kobunsha.com

ISBN 4-334-03182-X

光文社新書

062
財政学から見た日本経済
土居丈朗

特殊法人、地方自治体の驚くべき実態。税金が泡と消えていく「隠れ借金のカラクリ」を気鋭の経済学者が解き明かす。財政破綻！　そのとき日本は？　私たちの生活は？

063
三面記事で読むイタリア
内田洋子・シルヴィオ・ピエールサンティ

矛盾と混沌こそがイタリアの魅力である——笑える小ネタから世界を驚かせた大ニュースまで、現地紙の報道から、その魅力の正体に迫る。

064
英語で気持ちを伝えられますか
田畑智通

コミュニケーションの究極の目的は「気持ち」を伝えること。そう言われても、英語では……？　何気ない世間話からビジネスまで、様々な局面での役立つ英語表現集。

065
現代アート入門の入門
山口裕美

現代アートはワカラナイ。そう、決めつけてはいないだろうか。若きプロデューサーが、日本と世界のアートシーン、今見るべき作品、オススメアーティストまでを公開する。

066
世界最高のクラシック
許光俊

辛口批評で鳴らす著者が満を持して薦める世界最高の指揮者二六人。フルトヴェングラー、ラトルなど活字を読むだけで名演奏が聞こえてくるようなクラシック紹介。

067
鳥居
稲田智宏

神社に行くと、誰もがくぐる鳥居。それがある意味は？　起源から、古代日本文化における神と鳥と柱の関係、日本全国の風変わりな鳥居まで、神道研究気鋭の学者が考察。

068
エル・ブリ　想像もつかない味
山本益博

筆者をして「いままでに食べた三〇〇〇回は練習試合だった」と言わしめた、スペインにある世界最高のレストラン「エル・ブリ」。その魅力と発想に迫る。

069
韓国企業モノづくりの衝撃
ヒュンダイ、サムスン、LG、SKテレコムの現場から
塚本潔
ヒュンダイ、サムスン、LG、SKテレコムの四社を軸に、韓国経済V字回復の原動力となった戦略商品の開発現場を密着レポート。

070
仕事で「一皮むける」
関経連「一皮むけた経験」に学ぶ
金井壽宏
異動・昇進・降格・左遷……第一線で活躍するビジネスマンはいつ「一皮むけた」か、豊富なインタビューがあぶり出す。現場で培われたキャリア論、日本で初めての試み。

071
天才は冬に生まれる
中田力
歴史を変えた独創者たち。現代科学を作り上げた脳の秘密とは？「脳の渦理論」が解き明かす。脳科学の最先端に立つ著者による類い希な科学エッセイ。

072
シングルモルトを愉しむ
土屋守
〝キング・オブ・ウィスキー〟シングルモルトの魅力あふれる世界を、「世界のウィスキーライター五人」に選ばれた著者が縦横に語り尽くす。

073
京都人は変わらない
村田吉弘
「菊乃井」の三代目、京都に住みはじめて十八代目にあたる生粋の京都人である筆者が、ときに客観的に、ときに舌鋒鋭く、常に面白おかしく、変わらない京都の流儀を語る。

074
くまのプーさん 英国文学の想像力
安達まみ
世界一愛されるくまの誕生。それは父親が息子に贈ったぬいぐるみからはじまった——人気のかげで、今まであまり顧みられなかった多彩な文学世界を正面から論じた一冊。

075
コーチ論
織田淳太郎
間違ったコーチングによって才能がつぶされる日本スポーツ界。そんななか最先端のコーチングで成果を上げた指導者たちを紹介。〝頑張らない〟ことが潜在能力を引き出す！